TO
TRAVEL
IS
TO
LIVE

讲究的穿搭，不将就的旅行

女巫飞行记

女巫◎著

ZHEJIANG UNIVERSITY PRESS
浙江大学出版社

图书在版编目（CIP）数据

讲究的穿搭，不将就的旅行：女巫飞行记 / 女巫著
. —杭州：浙江大学出版社，2018.1
　　ISBN 978-7-308-17608-8

　　Ⅰ.①讲…　Ⅱ.①女…　Ⅲ.①女性—服饰美学—通俗
读物　Ⅳ.①TS941.11-49

中国版本图书馆 CIP 数据核字（2017）第 271898 号

讲究的穿搭，不将就的旅行：女巫飞行记
女　巫　著

策　　划	杭州蓝狮子文化创意股份有限公司
责任编辑	卢　川
责任校对	孙　鹏　杨利军
封面设计	张志凯
出版发行	浙江大学出版社
	（杭州市天目山路 148 号　邮政编码 310007）
	（网址：http://www.zjupress.com）
排　　版	杭州中大图文设计有限公司
印　　刷	杭州钱江彩色印务有限公司
开　　本	880mm×1230mm　　1/32
印　　张	9.5
字　　数	101 千
版 印 次	2018 年 1 月第 1 版　2018 年 1 月第 1 次印刷
书　　号	ISBN 978-7-308-17608-8
定　　价	48.00 元

好看的旅行

我清楚地记得一件事情：多年前我在微博上刷到朋友的一张旅行照片，背景是夕阳下金光闪耀的建筑、禅意浓郁的寺庙和微微荡漾的湖面，画面中她穿着和服式领口的青色碎花裙，凝望着水波，整个一副岁月静好的模样。

"啊，太美了！这是哪里？我好想去啊！"

"京都金阁寺。"

那一刻，大概就是我重新思考如何旅行这件事的时刻。

因为就在这不久前的国庆节，我明明去过金阁寺。那是一个半自由行的行程，有天导游就安排我们去参观了这座寺庙。

只记得当天大雨，我们和好多当地中学生鱼贯而行，眼前都是晃动的雨伞。透过雨帘远远望见一座池塘后的寺庙，风雨凄苦，它看起来普通极了。

当然，我也拍了照片，穿着毫不讲究的日常衣服，怀着"拍完这张赶快回到车上"的心情草率拍了几张，至今照片还都留在那个小卡片机里，没有导出来。

身为一名资深品牌咨询师，我立刻从专业角度，开始研究那张令人赞叹的金阁寺照片是怎么拍出来的。

首先光有好天气是远远不够的，你还必须事先了解金阁寺的历史渊源及其在日本文化中的地位，了解它的故事，它的最佳拍摄角度。在未曾抵达前，它丰盈的样子就已经呼之欲出。

接下来，我们还需要穿对衣服。从风格到款式，从色彩到配饰，以至于在镜头前的肢体语言表达，都要在当下与周围的一切融入、和谐。

从那以后，我便开始尝试认真旅行，一次次更讲究的盛装旅行就此开启了：从清迈到香港、伦敦，从法国到马尔代夫、尼泊尔……

渐渐地，我发觉自己已经不仅仅是在旅行，同时也在创作和目的地有关的故事。因为要创作，所以要怀着比普通旅行更好奇的心去理解那个地方，尽可能地去探索自己和陌生之地有可能发生的优雅故事。

有同学给我留言询问：在路上花那么多时间拍照

值得吗？会不会耽误了旅行这件事本身？

这本书就是我最诚挚的回答。

因为想拍一张好看的旅行照片的初衷，最终实现了有故事、有回忆的旅行，我再也不会像忘却金阁寺那样忘却自己的所见所闻了。

我觉得值得。

上周末我去台北看演唱会。临走那天搭车去了淡水，这是一座很平常的小镇。草地一侧是川流不息的排档，另一侧是开阔如海的淡水河。一位坐在草地上独自等待夕阳的当地老人叮嘱我们：等太阳落下去了，别急着走，之后的几分钟才最美。

果然，漫天红霞在日落后汹涌而至。我靠在河岸边，黑底的碎花连衣裙被晚风吹拂，绛红色丝巾提亮了身体语言，和晚霞呼应。

就算那片河流再普通，那个瞬间，你也会感觉自己光芒万丈。

我想要再次致谢许多替我拍下这些美好照片的亲人朋友们，谢谢亲爱的妈妈，Mia，徐斌，小惠，杨妞，蛋丝，莫莫，朱小流，毛毛，阿玫，等等，我们共同拥有了这本书，记录下在一起的好时光。

女巫

2017-08-15

目

录

✈

第二章
旅行穿搭地图

第一章
行前更文艺的准备

第一章
行前更文艺的准备

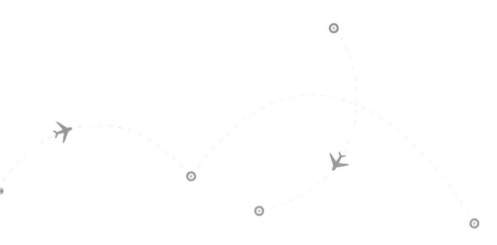

了解目的地气质

出发前往一个城市之前，除了必要的旅行攻略，建议再搜寻一些与目的地相关的资料。百度很方便，买一本当地的Lonely Planet指南也是件很有意思的事。

你首先需要尽可能多地了解当地，相关的电影、音乐、书籍能帮助你更好地认识当地的人文历史。比如去法国旅行前，我看了《天使爱美丽》《放牛班的

春天》《这个杀手不太冷》等相关电影，以及《巴黎百年老店》《巴黎腔调》等相关书籍。目的地的气质决定了你此次旅行中的服装定位，也决定了你想要表达的个人气质与故事。

每个地方都有自己独特的风格特点，你需要搭配出适宜风格去融入当地。

比如，我理解中尼泊尔的气质就是古老，遍地人文古迹。因此在服装搭配上，既要配得上其厚重的建筑古迹，也要与当地淳朴的民风形成视觉反差，所以我的尼泊尔之旅的服装定位最终落在"轻奢小复古"，而不是之前想当然的浓郁民族风。

再比如，我国青海主要的气质取胜于其自然风情，所以我的服装定位在自然舒适，羊毛针织衫搭配各种防风、防晒的丝巾是再合适不过的了。

服装定位及整理

了解完目的地气质后,第二步你就要根据此行的服装定位,开始整理需要携带的衣服。

通常我会反复斟酌各类花纹的围巾、腰带、帽子以及手链等,将它们与对应的各款衣服不断做对比。有时我会把整体搭配拍下来,在屏幕里观摩效果;或者发给品位不错的朋友,听取他们的意见。

另外,不要让自己陷入没完没了的纠结当中。请果断放弃那些腰部过紧或者有走光风险的款式,再讲究的旅行也不能丢了舒适的路途体验。

最后,参照计划好的行程表和即将抵达城市的照片,将每套衣物分门别类,放入收纳袋中装好。如此,到达目的地,直接把你准备好的搭配拿出来穿在身上就可以了。

旅行好物分享

行李箱空间有限，所以，一份简单而又不乏细致的出游小物清单就显得更有价值。再匆忙，这些随身小物也是我的必备。

充电宝

以前我从不用充电宝，嫌重，嫌麻烦。直到有一天，这只可爱的猫咪充电宝的出现，才让我改变了这种观念，因为它是那么轻巧可爱。

无压力眼罩

3D 无压力眼罩，造型立体起伏，内部空间宽阔。最关键的是，它和真丝眼罩一样轻巧，久戴也无压痕，更不用担心影响眼妆，简直是旅途中必备的休息神器。

卷发球

卷发球重量轻，也不惧挤压。要想每天出门造型感十足，卷发球一定要带在身边。每晚将两侧几缕头发往上卷一卷，数小时后，发梢缕缕，弹性十足。

收纳袋

短途旅行，我会把每天的衣服装进一只袋子里，包括相应的丝巾、墨镜等小配饰，然后贴上要穿的日期。长途旅行的话，因为互搭性很强，所以就按品类收纳了。

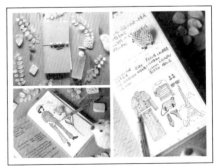

手帐本

带上心爱的手帐，记录下旅途中一切美好的所见所闻。

 安 全 小 建 议

出门在外，总免不了发生各种小意外，人身财产安全最重要。

财不外露

我在意大利旅游时就不幸遭遇了小偷。虽然我们开的车很一般，打扮看上去也比较朴素，但行李箱就大摇大摆地放在了后车座，默默给自己贴上了"有钱的外国人"的标签。另外，晚上出行最好别将包和相机背在身上，容易被抢劫。

适当支付小费

出门在外，能用钱解决的事情，都不算事情。在得到好心人帮助时，适当支付一些小费感激对方，说不定在接下来的旅程中你会得到更多帮助。

不轻易搭讪

当有人莫名其妙向你献殷勤或者提供帮助，尤其是那些不会说英语，只是使用肢体语言的人，千万提高警惕。人群拥挤时，要提防无故贴近你的穿阿拉伯白袍的女人，她们会用袍子盖住你的包，然后偷窃。

紧急求救号码

提前记下当地的紧急求救电话和中国驻当地使馆领事的电话和地址。112是全球通用的紧急求救号码。中国政府外交部全球领事保护与服务应急中心电话+86-1012308。

最后，记得给自己买份保险安心。

第二章
旅行穿搭地图

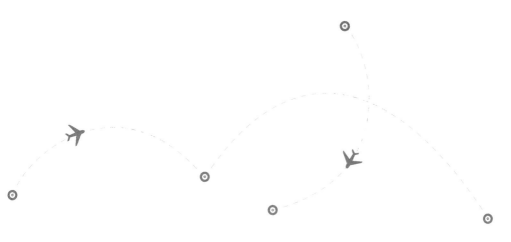

✈ 准备好了吗?
现在就跟上女巫一起更讲究地
去旅行吧!

法国：流动的盛宴

女巫飞行地图：

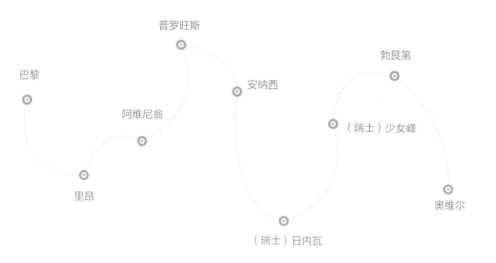

（一）
在清晨抵达巴黎

如果你想去巴黎，试着在清晨抵达吧。

从上海出发，整个行程长达 13 小时。整架飞机昏昏欲睡，窗外暗黑天幕中的银河系璀璨无边，北斗七星恒久闪耀在机舱右侧，不作声响。

当飞机在巴黎降落，浪漫气息便一下子扑面而来。

我的行李出现在最后。人群散去，我那只系着彩色珠子和小羊的灰色箱子终于出现了。它大摇大摆、毫无愧色地出场了，成为巴黎给我的第一个惊喜。

微信里，我的私人旅行顾问宋先生正掐算好时间，询问是否顺利。以前我喜欢通过买包、购置首饰来犒劳自己，但这次我选择用一次服务妥帖的定制旅行来奖赏自己半年的努力工作。

来接我们的是一个叫海龙的小伙子。他开着一辆深灰色奥迪轿跑，我们即将共同度过 13 天。汽车从地下车库盘旋而上，就像是巴黎老住宅的旋转楼梯，往上，往上，一直开到巴黎清晨冷冽的空气里去。

在缓缓明亮的天空下，我们一路开过知名的尖顶教堂，开过未到开放时间的沉默喷泉，开过在清晨就打扮得非常娇艳的巴黎女郎。

抵达酒店时时间还早，尚不能办理入住，海龙便带我们在酒店附近的蒙马特高地转悠。从随意的某个岔路沿两侧住宅楼往上攀登，白色圆顶的圣心大教堂就在路的尽头。从高地回首俯瞰整个巴黎，城市似乎还未从昨晚的香槟夜宴中苏醒。人们三三两两地坐在高高的台阶上等待教堂开放。

今天恰好是巴黎的无车日，我们赶在九点前来到塞纳河边。在乔治五号大街拐角的咖啡店点上了来巴黎的第一杯咖啡。据说巴黎有上万家咖啡店，如果没有了咖啡店，谁知道巴黎会变成什么样子？

隔着马路的河面上，第一艘观光轮已经开始起航。

可轮到我们上船的那一刻，几分钟前还明朗的天空突然下起雨。塞纳河在雨中向我们迎面展开。河道蜿蜒成暗灰绿曲线，两岸是一字排开的宏大建筑，以及美妙绝伦的住宅，倾斜着的铁皮屋顶和鲜花盛开的小露台在雨幕中闪闪发亮。

我们经过一座座桥。有人在桥洞里奏响手风琴欢唱，有人在雨中灰色的河岸道路上跑步，还有人站在桥上眺望风景。而他们，都成为我眼中的风景。

雨越来越大。游览船的二层露台几乎成了我们的包场。河流上空有海鸥、麻雀飞过雨幕，还有几只像是迷了路的不知名小黑鸟正在盘旋。就算大雨让整座城市颠倒，只要埃菲尔铁塔在视线范围之内，你就会感到安心。

宋先生特意关照海龙请我们去吃排名靠前的一家南法餐厅。

早在路易十四年代，法国就将烹饪变成了艺术。在这里，做饭不是单纯为了饱腹或者消遣，它是事关荣誉的大事情，厨师甚至成为法国最为艰难的行业之一。就在我推开一扇貌不惊人的小门后，味蕾也瞬间被巴黎美食开启了。都说法国餐饮服务缓慢而傲慢，这家是例外吗？因为等了一会儿，店家便送上一盘新鲜美味的芝士蛤蜊。

巴黎的雨在一顿漫长的午饭后悄然退场。

我们沿着塞纳河沿岸散步。据说沿途共有 36 座桥梁，最金碧辉煌的是亚历山大三世桥。大桥两端四只桥头柱上有镀金的雕像，长着翅膀的小爱神小心翼翼托举着经历岁月的古桥。

穿越亚历山大三世桥，就是橘园。一对情侣在莫奈的睡莲前停留了很久很久，他们不时拥吻着，也许那就是他们想要的爱情生活。

海明威说，如果你年轻的时候足够幸运，曾在巴黎生活过，那么无论你以后的人生在哪里度过，它将永远与你相伴。因为巴黎，是一席流动的盛宴。

穿搭指南：法式风情，轻奢优雅

场景：巴黎
服饰关键词：Burberry 风格套装裙 + 巴黎复古丝巾 +
条纹针织衫

　　长途旅行的第一套衣服，我选择了法式风情浓郁
的米色分体式风衣套装裙和 Burberry 经典格纹小挎包，
搭白衬衣和驼色针织条纹衫。相比连衣裙，分体套裙
更加方便在温差较大的气候中随时穿脱，也避免了一
整天拍照时的单调。经典驼色条纹针织衫摆脱毛衣的
沉闷感，缀有巴黎铁塔图案的黄黑撞色丝巾复古气息
浓郁，随意地单肩披着增加层次感。

Paris

【平行空间的女巫·365 日小日常】

杭州的春天很短暂，有时候人松懈下来，

难免将今天过得很潦草。

但盛开得潦草，绣球花可不同意。

每个小花瓣都必须精致美丽，然后一鼓作气将那美好进行裂变。

中午经过花店的时候，远远地看去，我就被它吸引了。

我对绣球那清秀又丰盈的花瓣充满迷恋。

将它带回办公室，放入一只花瓶中，

它笑而不语。

一生浪漫，无须多言。

（二）
爱在巴黎日落黄昏前

咖啡馆是巴黎人生活中不可缺少的去处。它们几乎占据巴黎的每个宝贵街角,门廊前排满密集的座位,店内也装饰考究,四周挂满华丽的镜子,咖啡盛在银壶里。

眼神深邃的男服务生就像从法国电影中走出来一般,面目消瘦,有着好看的金色卷发,身着白衬衣、黑领结,一件整洁又考究的褐色围裙系在腰间。优雅的女士随处可见,她们似乎专程从家中赶来咖啡馆展现自己的时尚与魅力。人与人之间保持着微妙的距离,有的在看书,有的将目光投向过往的法国姑娘。

喝完咖啡我们去了巴黎圣母院。广场上鸽子飞舞，年轻的母亲逗着孩子。拖着行李箱的年轻女士手握大袋玉米，正在耐心招呼每一只鸽子。她笑着递给我一小把。

进入圣母院内部，仿佛迈入另一个空间。漫天的彩绘玻璃和玫瑰花窗，描绘着一个个关于圣母圣婴的故事。游客们安静听着讲解，表情深邃。这些我都不懂，却感到心神安宁。经过两侧座椅时，亚光的木质带着岁月痕迹。我停下脚步，坐了一会儿。

在巴黎圣母院对面，就是绿色门框的莎士比亚书店。"过路的陌生人啊，你不知道我是如何热切地望向你。"电影《爱在日落黄昏前》里，男女主角就在这家书店重逢，他为她写了本书，她为他写了首歌。

在书店华美的吊灯之下，书与书相拥，依偎在一起，就像世界上所有拥抱着相互取暖的人。在莎士比亚书店，买一本《流动的盛宴》（*A Movable Feast*）吧，请店员盖上纪念的印章，这也是我在巴黎为朋友买下的第一件礼物。

来巴黎，还想去看看我喜爱的王尔德。

黄昏的拉雪兹公墓，你以为它是一部黑白影片，一旦踏入其间，就会被那光线通透、气氛肃静却饱满的公园气息所打动。两三个小孩在纪念碑间捉迷藏咯咯笑个不停，恋人们在隐秘的小路上突然停下来紧紧拥抱，和我一样的游客们则手拿笔记和地图，从一座坟墓走到另一座坟墓。雕塑家根据王尔德诗集《斯芬

克斯》创作的狮身人面像就矗立在墓碑上方。许多来
到这里的姑娘会在墓碑上献上深吻。现在，墓碑外罩
上了一层透明玻璃。

现在你——你已经

永远离开。你不能再次打乱或重新编排

你的诗篇。

穿搭指南：法式风情，轻奢优雅

场景一： 巴黎街头
服饰关键词：黑色针织背心＋金色腰带＋香奈儿风金
丝针织外套＋珍珠小羊胸针

巴黎的早晚温差很大，所以叠穿已成为一种必需。

用白色衬衣打底提亮脸部总是稳妥的，沉稳厚实的黑色针织背心带来搭配的想象空间，细窄的金色弹力腰带几乎是万能的，最后用一枚珍珠小羊胸针呼应衬衣的白色清新吧。

再随身携带一件织入金丝的香奈儿风针织小外套，袖口之处的细节，与我佩戴的古罗马钱币戒指一起，散发出微妙宫廷感。

场景二: 咖啡店
服饰关键词：白色系裤装＋法式撞色发带＋华丽感配饰

在巴黎，不是在咖啡店，就是在去咖啡店的路上。

一条画满冰激凌的白色丝巾随意搭在肩上，就是很适合咖啡店的打扮吧。

一件普通价位的白衬衣，因为高级裁剪的裤装而整体讲究起来，不同面料质感和不同白色度的上下装组合也是很法式的搭配。再用一根复古蓝绿色发带束起今天来不及洗的头发吧，Ferragamo 双层珍珠项链和香奈儿古金色背包耳环也是无法替代的点睛轻奢小物，优雅浪漫。

场景三：拉雪兹公墓
服饰关键词：白色衬衫＋黑色渔夫帽＋黑色皮衣

将黑色皮衣内的白衬衣微微竖起衣领，恰好分寸地打开两颗纽扣。

安静的黑色针织渔夫帽和 Bottega Veneta 玳瑁墨镜，迎合正式而不沉闷的拜访心境。

场景四： 古代君王的宫殿
服饰关键词：白色羊毛裙＋红色系丝巾＋金色细腰带

　　文艺复兴时期的枫丹白露宫，宏大华美。黑色皮
衣搭配红色丝巾以增添气场，呼应古代建筑。

　　在枫丹白露宫无人的后花园，轻荡起白色小船，
湖面波光粼粼，日光倾城。一件最简单款的白色针织裙，
负责提亮肤色。它的简单纯净，几乎可以吸收任何搭配。

【 平行空间的女巫 · 365 日小日常 】

今天收到可爱的小礼物，

一套关于莎士比亚的微型书，如同半只手机的迷你体型，

内在却调皮又丰富多汁。

一本介绍了莎士比亚的所有戏剧，

一本写了他的爱情十四行诗，

还有一本汇集起莎士比亚戏剧中的经典台词。

读多了一本正经的莎士比亚，此刻我要会心一笑。

（三）
里昂，永恒的爱与最后的光

　　从山顶俯瞰，清澈透亮的河流宛如那时光，沉默却又漫长，将整座城市一分为二。下午四点半，观光游客四散在山顶，山风呼呼而动，远处砖红色的城市鸦雀无声。纯白的富维耶大教堂跟昨日巴黎圣母院相比，显得朴素亲切，近在身边。但当我真正向它靠近时，它却又高远神秘，难以企及。

　　我曾经以游客身份进入过不少著名教堂，每一次都会被壮美的建筑和静穆的氛围所震撼。但离开后，又很快会淡忘。然而这次例外。

当我跨入富维耶大教堂的那一刻，整个人就像被定在了原地，无法轻易动弹。真的，就有那么一刻，你会觉得自己是一个本来应该在这里的人。是一个应该在整排摇曳的烛台前闭目合掌，应该坐在正对洁白圣母雕像的前排位置上，埋头一动不动，祈祷整个下午的信徒。

主台上摆放着很多小书本，可随意取阅。我翻阅其中一册，书本里滑落出一张红色中文纸片。站在空旷的教堂拱顶之下，我一字一句轻声念出：

我给你一条新命令，你们该彼此相爱，如同我爱了你们，你们也该照样彼此相爱。如果你们之间彼此相亲相爱，世人因此就可以认出你们是我的门徒。

我慢慢走向充满感召之力的走廊道路，在告解室前驻足，黄昏的一束光穿越过教堂屋顶彩色玻璃，落在我的脸上。

下山半路，经过古罗马露天大剧院。似乎每一座欧洲古城，都少不了罗马剧场遗址。它就在夕阳下映衬下绯红了脸庞，敞开上万个座位，静候我们入场。

　　下山就是古城。此刻是一天中最迷人的时分，最后的余辉洒落在山顶教堂的皇冠之上，它们正在相互告别。

穿搭指南：法式风情，轻奢优雅

场景： 古老教堂
服饰关键词：黑色针织衫 + 砖红色麂皮伞裙 + 珍珠流
苏项链 + 黑色皮衣

　　一件黑色高领针织衫，充满弹力的五分袖既释放
手臂自由，也契合复古造型。搭配砖红色麂皮伞裙，"黛
西小姐"珍珠流苏丝巾，再戴上一顶昨天买的浆果色
小礼帽，仿佛不经意间就能穿越时空建筑。

【平行空间的女巫·365 日小日常】

晚上去马塍路小咖啡店取蔓越莓饼干的时候，

和住在同条街上的女朋友约着喝了杯热巧克力，

谈论起各种八卦，统统指向了一个主题：

女人究竟贪恋什么样的男人？——

"既强大又脆弱，还有那么一丝微妙的气息。"

我觉得这根古董长翎羽毛胸针就像一个令人贪恋的人，

既强势又柔弱，欲拒还迎，气息微妙。

（四）
南法首站：阿维尼翁

　　从里昂到南法首站阿维尼翁，我们一路沿着清澈的罗纳河前进。河岸树木茂盛，山坡上遍布葡萄园地。明媚的阳光洒在路面上、初秋的树叶上以及那一晃而过的乡村屋顶上。

　　古城墙内，当地人安居乐业，连游客都显得既安静又庄重。我们步行进入古城，市政厅广场往往是最佳餐饮购物的聚集位置。我买了一支冰激凌，坐在南法炙热阳光下的步行街口。

　　既然到了阿维尼翁，怎能不去看看阿尔勒的凡·高？他曾经在这里住了 15 个月，画下一生中最重要的 200 多幅作品。穿过肃穆的古罗马剧院和满墙盛开着蓝雪花的狭窄街道，我们来到了由凡·高精神病院改造成的纪念馆，可惜正在整修。

　　转而我们决定去佛洛穆广场的"夜间露天咖啡馆"喝一杯。凡·高就在这家咖啡店作画，画下了暗黄色街灯和星空满天的黑夜。在这里，他把弟弟寄来的钱几乎都换成了明黄色的颜料和苦艾酒，将内心的狂躁和颜料疯狂抹向画布。

　　回去的时候，我们在路边短暂停车，眺望旷野。这里曾是凡·高笔下绚烂的向日葵地。他始终不爱戴草帽，每天早出晚归，走向一望无际的田野，炙热的南法阳光烤晒着他稀疏的发顶，终于将他晒疯了。

当我们又一次返回到古城内，已是下午六点半。我的影子在古城墙上投下阴暗黑影。也许，对抗阴暗的最好方法就是不让阴暗改变自己的模样，并且固执地闪烁着。

走到古城深处，是宽阔的大广场。夕阳下的教皇宫坐落在大片岩石之上，一副君临天下的姿态，宏大的骄傲源于它古老的地位，它是欧洲最大、最重要的中世纪哥特式建筑。我在广场上拾起一根不知从何而来的羽毛，举着它面向漫长一天中最后一抹光。

黑夜就要降临了，而我们也将成为黑夜微小的一部分，就像羽毛那样。

穿搭指南：法式风情，轻奢优雅

场景： 凡·高故居

服饰关键词：宝蓝色针织小外套＋米色针织渔夫帽＋
骑马少年胸针

　　羊毛小外套的浓烈宝蓝色与凡·高咖啡店的明黄
形成一幅鲜明对比。米色渔夫帽因为针织材质缘故，
可随意折转帽檐，别上一朵同色系花朵，增加层次生动
感。别在蓝色针织衫上的金色胸针，是 位中世纪骑马
少年。

【平行空间的女巫 · 365 日小日常】

Ferragamo 的 Varina 比 Vara 鞋更多一点细节变化，更年轻，

也更满不在乎，似乎一起身，就可以翩翩起舞，似乎坐着也可以。

杭州的初夏真是舒服，风的腰肢饱满，天空宁静喜悦。

就算你什么都不说，什么都不曾得到，

只要经过这里，就很自在美好。

（五）
普罗旺斯：梦中的明信片

这一天，我们离开时髦的巴黎，越走越远，去体会英国作家彼得·梅尔笔下的普罗旺斯。

《山居岁月》中描述的普罗旺斯乡村，仿佛时间停滞，那里的一切都像法国蜗牛般节奏缓慢。人们可以花费很长的时间来挑选和品尝新鲜甜瓜，然后读几页闲书，睡一个无人打搅的长长午觉。黄昏时分再去肉店买晚餐材料，和熟悉的店主先聊上半天天气和昨晚的牛肉炖法。或者在星期天上午开车赶到远处小镇逛集市，听摊主说起他的祖母和一件雨衣的故事。今天我们能够看到这样宁静恬淡的普罗旺斯吗？

多么遗憾，我们只是匆匆过客。大家手举地图，眼神迷茫，想在短暂时间里一探南法小城的风情，啧啧赞叹后便转身匆匆离去。

从阿维尼翁驱车大半个小时就是普罗旺斯出名的泉水小镇。小镇居民不过千人，最讲究的建筑是教堂和当地旅游局，以及需眺望才能看到的山顶古城堡。

小镇有着庞大的地下水系。低头看，泉水碧绿碧绿，摇曳着苍翠又充满法式风情的水草，就像一块波光流动的高级绿松石。看久了，似乎水是不存在的，它只是一幅色彩强烈的印象派作品。

石头城也在附近，那是一座典型的普罗旺斯小镇。大部分建筑建于中世纪，房屋街道大都由石头堆砌而成。我们在小镇午餐，露天餐厅坡度陡峭，门口青藤环绕，鲜花盛开。这里提供的午餐同样美味、精致，在这里的店家和游客都是那样悠闲惬意。

离开时我们再一次停车，站在悬崖边的巨石回望，小镇房屋呈梯形盘踞在一起，高低错落，鸦雀无声。它一动不动地矗立了几个世纪，犹如一座天空之城。

　　接着，我们沿崎岖山路开了半小时，抵达塞南特修道院，那是一座灰色建筑。绕过修道院前方一大片薰衣草田，从侧面进入与世隔绝的修道院，映入眼帘的是硕大岩石铸就的长方形教堂，它有着硬朗的八角形圆顶和方形钟楼，回廊肃穆。

　　有意思的是，我们不小心进入一个弥撒现场，台上七八个穿着宽阔白色修袍的年老修士正手持话筒轮流诵唱，教堂回音四起，颇为震撼。我小心翼翼站在最后，仿佛远远观赏了一出古代戏剧。

　　门口有个礼品店，我买下几只木头雕刻的小鸟。这个世界就是这样，有的人，是渴望高飞的鸟；有的人，却愿意待在朴素的房间自我修行，不存一丝多余欲望。

　　红土城应该是普罗旺斯最著名的小镇了吧。村子道路狭窄，两旁紧紧相邻的小房子色彩艳丽，橙红热烈，明黄勇敢，一转弯，是突然温存起来的赭色，然后又是片突然滚烫起来的鲜红。天蓝色和半开半关的湖绿

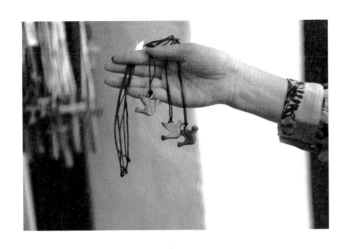

色精致小窗遥相呼应，满墙花朵盛开，枝蔓和邻居家
相互蔓延缠绵，一派法式的甜腻浪漫。

　　这里的生活节奏恬淡舒适，年迈的老艺人弹起吉
他，一首唱完便休息很久。听的游客也都放松下来，
在咖啡店露天座位上坐下来闲聊，喝一口水。时间不
再匆匆，一天的时间好像突然就漫长了起来。一只黑
白相间的小猫悠然在午后阳光下踱步，突然它纵身起
跳，从一扇绿窗子里消失了。

抵达美，需要漫长的路途和不着急的时光。时间，旅行，初秋依旧炙热的南法阳光，还有一大片无人的薰衣草田。我们就像遇见了一张梦中的明信片。

我喜欢峡谷间的乌云以及慢慢下垂的树叶和阳光，

我喜欢自己，

还有你。

穿搭指南：法式风情，轻奢优雅

场景：南法小镇
服饰关键词：大花朵真丝衬衣 + 针织背心 + 复古法式小礼帽

　　在轻松悠闲的南法，就穿上大花朵真丝衬衣来应和它的田园气质，黑色麂皮裙平常较多用于职业搭配，但今天，悠闲松弛的南法天空融合了它。也别忽略用一顶复古法式帽子和小手袋的颜色悄悄呼应，紫浆色是多么田园呀。

　　黑色针织背心早晚保暖，再佩戴香奈儿桃心胸针和金色弹力细腰带释放整体黑色，同时增添了一丝微妙的法式气息。

【平行空间的女巫 · 365 日小日常】

（六）
安纳西：赶在日落前抵达

　　离开悬崖酒店，我们沿着清晨的山路往下开。途经徒步的白发老人，头顶照明灯造型夸张；还有一群骑行者，他们聚集在山风侧面角落抽烟，大声聊天。

法国东南部的山谷此刻就像一座硕大舞台，在我们面前徐徐展开，山脉寂静，水流蜿蜒，没有一只鸟飞过，只有风。望久了这样的风景，时间仿佛也静止了。在半山腰，我们远眺柔软碧蓝的圣十字湖，湖边斜坡上，静静矗立着一座古老的四角彩色圆顶建筑。我俯身嗅向沿途盛开的薰衣草，像一只嗡嗡的蜜蜂，深深呼吸，心头都是蜜。

今天的目的地，是安纳西。

我们赶在落日之前抵达。放下行李，闲散地慢慢走进它。碧蓝的休河从小城中穿流而过，河中天鹅嬉戏，沿河鲜花盛开，古旧的房屋街巷几乎都是餐厅和咖啡馆。游人散坐在露天卡座，开始喝一杯漫长的餐前酒。一切都还是几个世纪以前的质朴模样。它身后就是敦实的阿尔卑斯雪山，那是一种安定，是一种宁静。

　　沿着河道散步，只有一条路，它将你指引向全欧
洲最美丽纯净的安纳西湖。

　　日落之前，湖中小船已经靠岸，白色的大鸟慢慢
停止在空中盘旋。可世界并没有静止，年轻人成群跑
过河岸，说笑声洒落一地；情侣坐在湖岸拥抱着看夕
阳，不知怎么就笑得滚在了地上；两位老太太在湖边
长椅上打开今天的晚餐，和一小瓶红酒。

　　此刻，我也在安纳西湖边，晚风吹起我的驼色羊
毛围巾，为什么此刻我也出现在这里。在没有抵达之前，
谁都不知道为什么。在抵达之后，这就是人生的安排。

我在湖岸坐了很久。面向连绵起伏的绯红色山脉，面向清澈见底的湖，面向阵阵清风，仿佛嗅觉、听觉和视觉都被轻轻打开，就像一扇扇门被轻轻推开。一只矜持的白天鹅好像认识我似的，从很远的地方笔直向我游过来，到面前，突然一转弯红着脸走了。

我们起身去膜拜那座著名的"爱情桥"，这是卢梭和华伦夫人约会的桥。他俩初遇之时，卢梭还只有十六岁，华伦夫人二十八岁。安纳西的景色，多么明朗平和，纵容着爱情猛烈滋生。

回到夜幕下的休河岸边，这是安纳西城最惬意的时刻吧。五颜六色的老房子流淌着灯光、俪影和法兰西一息尚存的贵族气息。我身后闪烁着橘黄灯光的城堡建筑竟然是一座古代监狱。它孤独地站立在河流之中，默默像路人诉说着其曾经丧失的生活与爱的自由。

穿搭指南：法式风情，轻奢优雅

场景：安纳西
服饰关键词：咖啡色百褶羊毛裙＋驼色羊毛围巾

　　今天我穿了和安纳西湖同样温存的针织长裙，把远山的渐变色悄悄穿上了身。那百褶的裙身啊，就像一圈一圈涟漪湖水，身体也被晃柔软了。

　　用一顶同色系针织帽统一全身语言吧，驼色羊毛长巾也默默呼应着连衣裙中某处温柔的色系，最后，它在风中飞扬成了一首诗。

【平行空间的女巫·365 日小日常】

办公室的胶囊咖啡机彻底成为摆设之后，

我还是会在某个困乏的下午想要即刻喝上一杯咖啡。

这种便携式的咖啡袋子就很不错哟，

打开顶部封口注入热水，再密封等几分钟，然后滚烫烫地

倒进杯子里。

味道远比星巴克的咖啡香浓。

嗯，下回长途旅行时，我也要记得带在身边。

（七）
雨后的日内瓦湖畔：这个世界会更好吗？

从安纳西开车大概两个多小时，就是日内瓦。

沿途下起了雨。我们经过不知名的村庄，环岛路边湿漉漉的小房子，在雨水中轮廓变得模糊又温柔。车内正放着李志写的歌：我还会在这个夏天绽放吗？像你曾经的容颜那样。当我们有天回首这一切，这个世界会更好吗？

有时候，这个世界上只有你一个人在路上不停地走，雨不停地下，而你却笑着，对此一无所知。在倾盆而下的雨幕之中，我们抵达日内瓦。雨滴争先恐后扑上车窗，模糊了长长的红色有轨公交车，模糊了十字街头的红灯，模糊了教堂高昂的塔顶。世界随着雨滴一点点碎裂，充满诗意。

好像察觉到有人在感伤，雨停了。

瑞士真冷啊！周围人们行色匆匆，我跨过小水塘，兴致逐渐高昂。路上水迹迅速退散，雨伞也不知失落何处，就像这场雨没有来过一样。我站在桥上看风景，这是欣赏日内瓦湖的好位置。

一个年轻女生，拎着许多行李独自前来。她犹豫再三，终于走上前请我替她拍照，一边看照片一边用好听的广东话夸我：你拍照好专业啊。

雨后的日内瓦湖，美得不像话，像一幅画。白云亲密拥挤，挤得快要从天边跌落湖面。一艘明黄色的游船正将宝蓝色湖面一分为二，它的一侧，就是高达140米的著名喷泉。一道雨后彩虹，长久停留在喷泉之上。就像皆大欢喜的连续剧，不选择悲伤的剧情，也不接受稍纵即逝的惊喜。

日内瓦湖那么美，日内瓦城那么小，小到分不开

所有的情侣。湖边，情侣正在接吻。这不是一个轻巧
的吻，他们用最舒服的姿势站立着，为了吻很久。在
日内瓦湖边接吻是一件多纯粹的事，当吻落到唇上，
它只管负责甜蜜，不负责诺言。我走向更靠近湖面的
栈桥，回望岸边，恋人还吻着呢。一只灰白色大鸟，
正企图在我身侧降落。

　　下午五点半，我们抵达日内瓦市中心。在这座桥
对岸，是世界名表品牌店一条街。而我们，最终只在
桥这边，欣赏风景，便已心满意足。

　　接着发生了日内瓦旅行中最精彩的一幕。我与一
群女扮男装、盛装步行去参加夜间演出的姑娘们相遇，
我们就像久别重逢的好友那般兴奋。姑娘们围在我身
边，表情生动，如舞台剧表演一般。摄影师在相机卡
存储爆满的情况下，给我们留下宝贵的一张，记录下
这场无缘无故的偶遇与热烈。

　　也许，我们都会绽放，就像那些姑娘一样。这个
世界会好吗？是的，这个世界会好的。

【平行空间的女巫 · 365 日小日常】

请种下今年夏天的金盏菊、欧香芹和小南瓜吧，

请你种下这本蓝色诗集。

此刻，植物蔬菜的种子安静沉睡在内页的八个小口袋里，

八首小诗被印刷在小口袋上，如同因魔咒而沉睡的王子，

它们在等待一个温柔的吻，等待你的轻声朗读，

等待阳光、泥土和雨水，等待被爱唤醒。

（八）
少女峰：答案在风中飘荡

从日内瓦出发，三个小时后，我们抵达瑞士著名的少女峰。六年前的春节，我来过这座雪山，当时生活和工作一团迷茫，就像这座高山上漫天飞舞的雪。

记忆中连绵高昂的阿尔卑斯雪山，就像从未有人攀登过，保留着最初的圣洁。那年火车下山时渐渐天黑，半山坡排列着一幢幢被厚厚白雪覆盖屋顶的小房子，窗户后是安静垂落的白色纱帘，明黄色灯光在雪山中一盏盏点亮，汇聚成稀薄的黄色河流。那时我总猜测在这些窗户背后究竟演绎着怎样的人生故事呢？六年后，不明所以的我，再次来到这里。

少女峰名字的由来就是因为雪山常常被云层笼罩而不得一见，如少女般羞涩。六年前，我就不曾见到它清晰的脸。

我们乘坐颜色鲜艳的齿轨火车，从因特拉肯火车站出发，这中间需换乘两次，才能最终抵达欧洲海拔最高的少女峰火车站。阳光"蓄谋"已久，终于蓬勃而出。小火车从山脚扶摇而上，一路开开停停，在半山腰下，有不少迷你站台，鲜花盛开的小路从栈道一直伸向村庄深处。沿途是闪着光的绿草坡，野草中匍匐着秋天的鲜红浆果，大树顶端也结满了不知名的漂亮果子。我从不开口去追问它们的名字，我的游记里也很少刻意去记录各种名字，也许潜意识中我总认为世界那么大，千山万水不会再回来了，我就忘了你的名字吧。

传说，天使曾对这座海拔4158米的雪山许下承诺："从现在起，人们都会来亲近你、赞美你，并爱上你。"我们逐渐深入这座被神亲近、赞美和热爱的山。

接着，我们从盘旋通道进入真正的雪山腹地。小羊米娅爬上高高的木桩，阳光在它身后一闪而过，白雪皑皑的少女峰清晰可见。突然狂风四起，夹带雪花曼舞，天色顿时黯淡，当我站在镜头前，身后已是一片苍茫，山峰消失了踪影。无须惋惜吧，我们终将来日方长。

傍晚之前，我们回到了山脚下的因特拉肯小镇，这里就像作家笔下的童话世界。酒店位置很赞，坐落在两条缓缓流淌的河流之间，从四楼露台眺望，碧蓝的河水在远方缠绵在了一起，平和宁静。湖泊倒映着渐渐金黄的山峰，云朵聚集在山腰，在湖面上不断变幻出婀娜的姿态。

　　语言已无法描述这样的美。来过这里，谁又能轻易再回到过往琐碎的生活中去呢？

　　我忍不住再次追问自己，为什么会再次抵达万里之外的雪山和小镇？那一刻，月亮正升起来，就停在不远处彩色琉璃瓦的教堂尖顶之上，街道中间正叮叮当当跑过一辆古老的载客马车。

穿着黑色皮衣，系着驼色羊毛围巾的我还是感受到一阵阵阿尔卑斯山下的冷冽寒风，天空中的月光也在风中微微荡起一小片银白色涟漪。

这世上所有的答案，就在这陌生的风中，飘荡着啊。

穿搭指南：法式风情，轻奢优雅

场景：雪山

服饰关键词：**亮棕色皮衣＋墨绿宽腰带＋法式头饰**

　　谁说去雪山一定要穿得臃肿？这款如风衣那样率真纯粹的亮棕色皮衣，双排扣可以敞开穿，再系根 Jimmy Choo 的鳄鱼皮宽腰带，瞬间精气抖擞。黑色镜面大表盘手表和珍贵的古罗马钱币戒指颜色呼应，默默表达着法式风情，并在阳光下散发出独立骄傲的光。

　　另外，厚重的衣服卷起袖子也能提升搭配的层次感和细节感。

　　第二天，我们辗转换小火车登上雪山。当我戴着与亮棕色皮衣同色系碎花的法式头巾站在镜头前，身后已是狂风四起，雪花飘零，天地一片苍茫。

Paris

【 平行空间的女巫 · 365 日小日常 】

穿过酒店长廊时，遇见一只八哥，一只会说话的八哥。

它清楚地开口问道：你在干吗？

可它又毫不介意我的回答，

继续询问经过的每个人：你在干吗？

八哥呀，有一天你会厌倦这样的生活吗？

厌倦自言自语，厌倦日复一日的千篇一律，

厌倦金丝鸟笼，厌倦自己逗人开心的能力。

（九）
勃艮第的葡萄园：离开就是旅行的意义

　　旅行接近尾声，我常常会在某个凌晨突然醒来，不知身在何处。每天搬离酒店，一次次离开，拉开沉重的门，都会回头在心中默默说再见，再见。

　　离开雪山，我们重新启程，回到葱绿色的法国乡村。加油站旁立着一棵孤独的橄榄树，好似在说：不要问我从哪里来，也不要问我到哪里去。

车窗外，葡萄园开始像梯田般层层叠叠出现，它不断往上攀升，攀升到一幢温暖的房子时，才肯停止。接近第戎，葡萄树的山峦愈来愈连绵不断，线条严谨规律，朴素平淡，就像一群群气质安定的人。

第戎的酒庄大都拥有几百年历史，酒庄紧贴着自家葡萄园边，葡萄酒新酿时，院子里就聚集了来喝一杯的当地人和慕名而来的游客。今天，我们去拜访当地一家始于 1728 年的葡萄酒庄。

Xavier 先生带我们先去观赏庄园边一望无际的葡萄园，就在几天前，他们刚刚完成了大规模采摘，这一整片看似相同的葡萄田，却因为土壤和采摘处理方式的不同，酿就了未来口感各异的葡萄酒。

接着，我们穿过铺满小碎石的大院子，去看看几百年前建造的酒窖。打开一道吱呀作响的木门，弯腰进入另一个温度恒定的地下世界，空气中弥漫着葡萄酒醇香，走廊长度几乎可以以公里计算。我们从数不清的橡木桶和一列列酒瓶排前经过，发出声声赞叹。

　　品酒环节比我想象的简单直接。Xavier 先生将五六瓶不同年份和风味的酒一排摆开，如数家珍。可惜我们一知半解，迎着他不断追问口感如何的目光，除了一饮而尽，也无法多说些什么。

　　我只是惊叹最后那杯酒，入口酸涩，却带着阳光下田野的新鲜香气，它是柔和的，几秒钟后，又是另一番滋味。就像勃艮第的山居生活，光阴的表面舒缓平静，快乐是一直一直沉淀在最下面的。好一杯让人心满意足的酒！

　　离开酒庄，我们的车在小巷子里穿来穿去，去寻找一片葡萄园。

在这里，每个人都轻声而富有敬意地提起罗曼尼康帝这个名字。它是世界最古老、最顶级的红葡萄酒园，葡萄酒售价极高，并且产量极低。据说在勃艮第，人们仍沿用着十四世纪的方法酿制葡萄酒。每三株葡萄才能产出一瓶珍贵的葡萄酒。

回到第戎小城，黄昏快要到来。小广场的喷泉随着音乐疲惫舞蹈着，毕竟它已经跳了整整一个白天。本地人三三两两走过熟悉的街道，正要走回家，夕阳拉长着他们的影子。不管你站在哪里，四处都能听到教堂钟按时敲响，就像当当当喊你回家的呼唤。

　　漫长的晚餐后，我们步行回城堡酒店。古老的街道空无一人，只泻了一地灯光。我没有用导航，凭记忆直觉穿越过很多相似的巷子，不知道为什么，心中非常安定，就像在走一条自己熟悉的路。就像我本来就出生在这里，平静地生活过。

　　旅途中，我一次次提醒自己，不要爱上，太美的地方。像这么美丽而宁静的地方，就像一颗定时闹钟，时辰一到，就会嘀铃铃作响，反复作响，直到你梦醒，直到你离开，反复地一次次离开。

　　这就是旅行的意义吧。

穿搭指南：法式风情，轻奢优雅

场景：第戎葡萄园

服饰关键词：橘色针织外套＋白色羊毛裙＋白色渔夫帽

　　当我终于站在那根著名的十字架下，披上和远处阳光一样明媚的橘色针织长外套，风吹起衣裾，内搭的白色羊毛裙和腮红功能一样，它们负责提亮脸上的光芒和内心的光。

【平行空间的女巫·365 日小日常】

微信公众号上的柳刘同学给我寄来一大盒百香果，

这些紫色小果子瞬间带我飞回几年前的鼓浪屿。

你迷恋过鼓浪屿吗？

黄昏时分，那安静的岛屿，

小街上小商贩们正在收摊，

不由分说地往你手里塞果子，请你务必多买一些。

那些乖巧的果子全部插着吸管，

吸管下就是黄灿灿的多汁果粒。

还没开始吃，口腔就酸了。

（十）
奥维尔：凡·高的麦田

Starry, starry night

那夜繁星点点

Paint your palette blue and gray

你在画板上涂抹着蓝与灰

Look out on a summer's day

夏日里轻瞥一眼

With eyes that know the darkness in my soul

便将我灵魂的阴霾洞穿

最后一天，想去看看那片凡·高的麦田，现在刚好是最佳季节吧。

从巴黎市区开车一个小时左右，就是与都市气质迴异的宁静小镇。时近中午，我们先去了奥维尔排名第一的餐厅就餐。不愧是开在凡·高故居的餐厅，墙壁四周高低错落地挂满油画，两位中年男服务生穿着深色灯芯绒西装，留着长卷发。

端上来的菜肴甜品也充满着浓郁的艺术气息。我们数着自己盘子里的食物到底有多少种颜色，它们满不在乎地在你面前对撞着，交织缠绵着，就像一幅幅凡·高的真迹。

饭后，我们去看凡·高。万里而来，这一刻突然变得不那么急迫了。也许人生就是有它的宿命，死亡有它的钟声，不用急。我们穿越小镇，慢慢走去看望你，整个街道都是你的影子。你的每一幅画作后，都是一成不变的原景。画架待在原地，早已放弃与时光抗衡。

我们终于来到那块麦田。黑色乌鸦从远处收割后的麦田上低空起飞，充满着画中的不安与阴郁。一条绿色小路穿过黄色麦田中央，深入远方树林，深蓝的天空此刻就像一个谜。

亲爱的Vincent，如果你决定独自在这片旷野陨落，如果这是始终无法纠正的命运，那么有没有这样的时刻，你期待空中有一双能接住你的温存可靠的手？起码，这双手能搀扶你不再独自踉跄走回借宿的小旅店，这双手能抚慰你最后疼痛的伤口，这双手能合掌为你祈祷，愿你在天堂永得灵感与安宁。

思量许久，我还是挑选了自己微笑着的照片放在这篇文章里。我不愿在这片麦田和你共同承受人生过不去的磨难。也许呢，如果当时有人愿意微笑着买你一幅画，如果加谢医生的女儿愿意微笑着为你弹一曲琴，如果你的弟弟能够微笑着更坚定支持你，你会不会愿意那天背上画板来麦田，如同往日画下你热爱的山村松林和姑娘。或者，你会不会愿意选择成为一个平庸的人，过完漫长平淡的一生。

麦田边，公墓一角，寻找了很久，才找到你。一座能俯望麦田的墓，你的弟弟提奥在你去世后六个月，伤心过度而离世。你们合葬在一起，被同一束常青藤覆盖，长眠，安眠。

再回到你最后居住的拉乌旅馆。狭窄破落的楼梯之上，是你短暂居住过的五号客房。一百二十四年之后，我们来看你。仅有一扇阁楼天窗透着光，房中间是一把孤独的椅子。房间空空如也，墙上挂着你给弟弟的一封信，信中说道："总有一天，我会想办法在巴黎咖啡馆里开一场我的展览。"

Now I understand

我终于读懂了

What you tried to say to me

你当时的肺腑之言

How you suffered for your sanity

独醒于众人间的你是那么痛苦

How you tried to set them free

你多想解开被禁锢者的系绊

They would not listen

可他们却充耳不闻

They did not know how

对你视若不见

Perhaps they'll listen now

也许，现在听还为时不晚

穿搭指南：法式风情，轻奢优雅

场景：凡·高麦田
服饰关键词：橘色针织套装裤＋黑纱头巾

　　穿什么才能够来看你，究竟穿什么才能够走进你的画里。是要有多爱你，才会如此隐秘而庄重地去准备。在荒芜乡村，在这一片充满灵感之魂的田野之上，我想，唯有从大地色系中激荡而出的橘色方能与它浑然天成，又压得住阵脚。

　　法式乡村感浓郁的针织套装，上装瘦长，喇叭裤型宽阔及地。Ferragamo 胡桃木宽腰封尺寸和色调拿捏正好，黑纱头巾看似随意，实则不可或缺，这是向凡·高致敬的一丝肃穆。

　　可是在凡·高的生活现场，我会觉得怎样穿都显得轻巧。这时，加入一件黑色皮大衣增添平衡吧，只斜斜搭在肩头，或挽在手臂，橘色真皮手套不必戴在手上，随意握着，悄悄与身体呼应。

【平行空间的女巫·365 日小日常】

立夏。

我来了，要取代你，反正春色已经落寞，

不如彻底一点，热烈一点。

不如抛弃那些暧昧，说话也变得直接，不如接吻吧，

我愿如蝶，只活在夏季里最灿烂的七天。

马尔代夫：赤道以南，且听风吟

女巫飞行地图：

哈达哈岛

（一）

在做攻略的过程中，我似乎已经将马尔代夫的大小岛屿统统走了一遍。就在我纠结到底选哪一个岛屿时，哈达哈这个顶级热带岛屿的名字"呼"一声出现了。

那片海，那个岛，也许是在前世就和我定下了约定。

午夜出发的浦东机场候机厅人潮涌动，起飞的失重感和暂时抛下的工作压力带来小小兴奋，机窗外是渐渐远去的都市生活。

正午时分，我们在转机新加坡后，终于抵达马尔代夫首都马累。似乎刚刚下过雨，地面湿润，气温适宜。机场很小，下了飞机，大家步行从停机场走到航空站。

这里有马累著名的内陆飞机，用来载客飞去贴近赤道的那些遥远岛屿。当螺旋桨开始旋转，时间似乎在这一阵巨大的噪声中停滞了。这一刻，坐在窗口的我突然体会到去远方的代价：时间，金钱以及许许多多的未知。

几个当地人和一辆朴素小巴热情地等候我们。他们拉上所有行李，带我们前去码头坐快艇，一个多小时后我们将抵达天边的哈达哈岛。酒店的专属快艇小巧雅致，座位柔软舒适。马达发动后，我们就像一支离弓的箭，从碧蓝海面上发射向远方。

几分钟后，驾驶员高声招呼"快看快看"，他也不说看什么，向着他指向的海面仔细看了一会儿，突然整船爆发欢呼："是海豚！"没错，我们居然幸运地遇上了海豚。它们像孩子般嬉闹追逐在船的一侧，发出轻微鸣叫，有几只还顽皮地起跳去了船头位置，仿佛好客的主人引领着外来客人快点去到它们的海洋仙境。

当地时间下午四点半，仿佛与世隔绝的哈达哈岛屿终于在我们期盼的视线中出现。柔和的天空下，哈达哈岛像个分外清秀又略带羞涩的少女，依在天边，默默等待着她的有缘人。

没有总台，没有登记处。管家介绍完酒店公共设施后，我迫不及待坐上他的电动车，穿过茂密的原始热带雨林，来到18号沙屋。

这是我们在岛上的第一个家。酒店足足有 120 平方米，四周树木茂密，大床正对着泳池。穿过泳池，20 米左右的路程便是微型雨林。穿过树林，就是沙滩大海。

管家刚离开，我便换上藕绿色裙子飞奔去沙滩。仿佛去晚了一秒钟，它就会消失。黄昏的沙滩似乎还未从漫长午睡中醒来，它娇羞平稳地呼吸着，让人不忍惊动它的梦。空旷的白色沙滩，近处是碧绿色的清澈海面，远处是辽阔的蔚蓝色海岸线，目及之处，空无一人。这个世界暂时属于我们。

晚餐后，我们从沙滩慢慢绕回房间。

夜晚的沙滩是小螃蟹的天地。打开小电筒，它们
三五成群，横着从海里一闪而过跑到某个洞穴里，又
或者百无聊赖地从沙滩左面走到右面，然后再走回来。
我们还拍到几只正在开会的寄居蟹。它们看到光，就
赶紧缩了头脚，天真地以为我们彼此都看不见了。

一个异常甜美的夜晚。回到房间，我沉沉入睡。

【平行空间的女巫·365 日小日常】

这对 Givenchy 水钻流苏耳夹，

买来戴过几次后才发现竟然两只有长短，

可已经美成这样了，谁好意思再责怪它。

每当我决定开始走路，所有的流苏同时苏醒，

它们开始相互撒娇，它们不停亲吻，搂抱。

就像终于遇到喜欢的人，怎么可能再保持距离。

我们只能够亲吻搂抱啊，

只能够不停止说我爱你，我爱你，

我们要永远在一起，我们要永远不分离。

（二）

醒来是马尔代夫七月雨季的阴雨天。

早上 10 点，我们从雨林小道走去餐厅吃早餐，林间偶尔几只硕大的蝙蝠朗朗飞过。餐后我换上白色裙子，戴上最钟爱的丝巾，再一次贴近大海。

丝巾的颜色仿佛是上帝画碧海蓝天时剩下的颜料画，那是整个马尔代夫的深海蓝和浅海绿，针织蕾丝踏成一道细致的滚边，那是岛屿洁白蜿蜒的海岸线。

每逢周六晚上，在别致的椭圆形接待大堂都会举办鸡尾酒派对。不得不提一下酒店的晚餐。我们的就

餐费用是包含在预定的旅行套餐里的，可以任意选择前菜，但如果没有包餐服务而选择单点，每道菜需要50美金左右，价格实在不菲。我们的套餐包括前菜、主菜和甜点，算得上相当美味高级的西餐了。甜点味道独特，回味悠长。

餐后人群纷纷散去。我独自坐在宝蓝色的深邃天幕前，眺望不远处灯火迷人的酒吧。

【平行空间的女巫·365 日小日常】

又遇见一双日行万步的玛丽珍平底鞋，

它令人期待独自去走漫长的路。

真皮与麂皮无缝拼接，

那是高级黑和气质黑之间的惺惺相惜，

也给日常穿搭带入一丝额外生活趣味。

穿着无比柔软同时，更具备视觉筋骨感，

就像一个活明白了的姑娘，

你说什么她都愿意赞同，

（三）

早晨六点半，大海醒了，它也顺便唤醒了我。

这是我第一次看到刚从清晨苏醒的海，它平静、从容。天空似乎倾斜下来，与大海连成一线，一只大鸟停在最远处的礁石之上。整个岛屿似乎都在招呼你坐下来。就这样懒散地坐着，听风，看海，等时光流逝。

今天我们要换酒店，换到著名的水屋。哈达哈岛以环保建筑而著称，它的每一座水屋都是在陆上建造好后再安置到海上，所以这个岛屿也拥有了最美好的水屋浮潜环境。人和自然的关系，人和人的关系，就是这样的吧。你先对它好，它就愿意将自己无私奉献给你。

几乎是欢呼着，我们奔向新家。满世界的海洋气息扑面而来。

来马尔代夫，更多人是为了尝试全世界最优质的潜水。打开水屋露台一侧的小木门，沿着一道窄窄梯子，走下去便抵达另外一个水下天堂。但对于不会游泳且天生怕水的我，就没那么轻松了。换上全套装备，我怔怔地坐在烈日的台阶上发呆，心中胆怯地回忆着浮潜的呼吸要领。自始至终，我都紧紧拽着水屋下的扶梯铁栏杆。

但这不妨碍我看风景。虽然我不游动，但鱼还是在游来游去啊。温度适中的海底到处都是硕大珊瑚，各种色彩斑斓的热带鱼穿梭其中。它们身上的颜色太奇妙，那么纯净，那么深邃，绝无仅有。好几次我都忍不住要惊呼出声，又担心呼吸管进水，只好克制着在水下发出阵阵呼噜噜的怪声。

　　在水下待了一个多小时后，我恍恍惚惚地上了岸。赤道阳光依然热烈，印度洋在宽阔的露台前一览无遗。

　　这是一个漫长的热带下午，赤道以南，太阳以西，且听风吟。

　　晚霞在某一刻突然降临天际，我们瞬间安静，又瞬间疯狂。它在一分钟内变幻万千，覆满整个天际，也让整个印度洋的洋面为之变化颜色。但它又不是那种盛气凌人想要吞没人间的霸道，就像一个真正的诗人，举手投足之间，深情万丈。

　　大海把夜晚推上岸，今晚我们将在沙滩上享用龙虾盛宴。

　　当地龙虾身材短小精干，炭烤后呈现出让人无法抗拒的闪亮深红色。一口咬下它雪白的肉体，满嘴是鲜甜的海洋味道。自助餐的食材都很简单，但胜在新鲜。脚踏着柔软的沙滩，印度洋的海风轻轻吹拂过片言只语。

　　东经73度，北纬4度。这里是距离赤道56公里的岛屿哈达哈。夜空的星辰宛若发光宝石，又好似情人因思念彼此而噙满泪水的双眸，好似要赠予我们一首十四行诗。夜光洒在长长的木栈道上，也撒在软绵绵的床上。

　　晚安，远方的日子。

【平行空间的女巫·365 日小日常】

在某些夜深时刻，无聊时刻，倦怠时刻，失语时刻，

或者大脑短暂空白，身体也柔软下来的时刻。

我决定这就去洗澡，

打开手机里收藏的歌单，打开热水，打开自己的感官，

在某种迷人香气的抚慰之下，慢慢沉沦，直至心满意足。

迷恋气味也是一种瘾。

（四）

再美的风景和时光

我们也得笑笑说再见吧

无论旅行多遥远

它都悄悄带领着我们驶向自我

最后一天，我待在露台上继续恋恋不舍地看海。

海风推着白色的波浪前行。哈达哈的海就是我见过的这世上最美的海，它的碧蓝一直伸向远方，直到天际尽头。我忍不住在醉人的海风中手舞足蹈起来。

在海岛上几天，似乎连呼吸方式都变了，呼一口气，都比往日悠长一倍，仿佛随时可以助跑，起飞。不远处，人们正在勤快地整理沙滩。即将告别之际，这些普通的人和平凡小事也会变得脉脉含情起来。他们不停抚平沙滩的目的也许只有一个：让踏上这片沙滩的客人，能欣喜地印上第一个脚印。

就这样在海滩上躺着听浪，闻着风的味道，看完了《里斯本夜车》，安静地度过了岛上的最后几小时。我将那本《里斯本列车》永远地留在了哈达哈，并且细心地写上了名字和日期。一本书从此也拥有了命运。

黄昏，快艇到了，它载送我们踏上了回归的路。再美的风景和时光，我们也得挥手笑笑说再见。我将丝巾束在远去的快艇上，让它随海风飘扬，让它再留恋地看一眼那美丽的哈达哈岛屿。

【平行空间的女巫·365 日小日常】

今天朋友圈里，到处都是成年人与儿童节的正面交锋。

有人穿上稚嫩的水手服，

有人缅怀小学五年级的初恋，

有人飞奔去迪士尼欢乐一整天，

有人什么也不干，他就爱长大，爱死了。

今天我约了朋友打桌球，还赢了一餐晚饭，

儿童节过得好欢乐呀。

海岛穿搭指南：只需穿上你的好心情

很多姑娘问我去海边度假穿什么？我的回答是：只需穿上你的好心情。

假期选择去一个远方海岛是放松自己的绝佳方式。它允许我们慢下来，真实起来。停顿、自省，然后焕然一新。

场景一：清晨 6 点半的白沙滩
服饰关键词：红色纱裙 + 黑色墨镜

高饱和度的红色纱裙是海边度假必备之选，飘至脚踝的长度，热带风情浓郁，纱质的选择既要保证飘逸性和高级感透明度，又必须有垂坠感。当海风吹拂，穿着者才显得飘飘欲仙。

Aloha

场景二：礁石海滩
服饰关键词：海军风条纹裙 + 白色巴拿马草帽

　　海军风条纹露肩蛋糕裙，一顶白色巴拿马草帽，
举向天空的红色小花，美好的记忆瞬间定格，怎么也
叫人忘不了。

场景三：夜晚的海滩
服饰关键词：斜肩明黄色裙子

王小波说，如果我会发光，就不必害怕黑暗。

此刻，海浪如歌，烟花灿烂。明黄色的火焰似乎
与斜肩黄裙子相互交换着幸福密码，点亮了我的眼睛，
也点亮了我们的日子。

场景四：冷僻海境
服饰关键词：蓝色镂空针织 + 超短热裤 + 蓝绿色丝巾

　　去踏浪的装束应该是清凉而层次感丰富的。所以我选择用精致的镂空针织来表达雀跃心情。这貌似遮掩，但其实透露了另一种克制的性感，同时又能更好防晒。

　　蓝绿色天生就是大海的颜色，正如我的丝巾颜色，它在海风中欢乐独舞。超短热裤的加入再次重申了踏浪心情。

场景五：西岛
服饰关键词：乳白色镂空露肩上衣 + 白色裤子

　　下午四点半的西岛，天空是粉红色的，海面是蓝
紫色的，而我，是乳白色的。

青海：天空之境，沉默是我的回答

女巫飞行地图：

（一）

这次来青海，我带上了绵羊 Mia。

下了飞机，我们包车前往海西乌兰县，距西宁大概四五个小时的路程。个把小时后，我们就进入了一个寒冷的冰雪世界。雪粒专冲着挡风玻璃扑面而来，道路两侧山脉薄雪覆盖。

不一会，青海湖的奇妙蓝线就出现在视线右侧。它近在咫尺，一次次吸引着我们向右拐，深入靠近。可惜我们急着赶路，时间并不允许。

但总有些风景，它似乎具有更强大的魔力，让你立马踩下急刹车，打破原计划。

比如，眼前这片无际的旷野。风一波波掠过枯黄草地，草丛在风中微微伏低身体，而后又毅然直立。羊群正在漫步，往雪山方向慢慢走去，似乎可以就这样走到地老天荒。

　　Mia 站在沧桑的石柱上眺望前方。那一刻，我仿佛能感觉到它的心跳，或许冥冥之中，这里也是它的故乡。

　　随着汽车的继续前行，海拔也急促上升着。

　　在海拔 3817 米的 G109 国道，五彩的经幡已在风雪中黯淡了深情，刻着藏文的玛尼堆 ① 上覆盖着还未消融的残雪。风在耳边不断呼啸，但除此之外，整个世界悄然无声。

---

①　玛尼堆，藏语称"朵帮"，就是垒起来的石头之意。——编者注

【平行空间的女巫 · 365 日小日常】

昨晚，我失眠了。

夜晚驯养了我，就在那昨夜我们变得互不可缺。

我凝视着它的昏暗，它陪伴着我的清醒，

直到窗外鸟鸣清脆，晨光乍现。

我如此期待今夜的降临。

但却希望能和夜晚分道扬镳，

再也不要心生暧昧，藕断丝连。

（二）

早上七点半，我们来到茶卡盐场。用天空之境来
形容这里，我想再恰当不过了。

阳光时而柔和，时而猛烈，撒下恒久炙热的光。
雪山，湖泊，电线杆，远方道路，还有我心爱的绵羊
米娅，云朵在它们之上慢慢飘移。湖面就像你内心的
明镜，你寂静，它也寂静。雪山倒映，河岸泥土柔软，
湖面正与天空相互凝视，仿佛一对相恋的爱人。在这里，
除了沉默还是沉默，任何语言都是多余的。

你发现了吗？越是陌生的地方，越叫人上瘾。我想

旅行就是付出时间并消耗精力，去遇见一些未知和美好。

我们一路向西，继续散漫地前行。青海的旅游淡季游客少得真是不可思议。十来分钟的车程中，看不到任何其他车辆，天地之间，只有我们这辆白色汽车在飞驰。道路两边，崇山峻岭之间的旷野上铺满阳光，无名的野草好像一张张焦黄而满不在乎的脸，野蛮生长着。它们聚集一起，宏大但却又不张扬。

我决定下车走走。

遇见骆驼

　　荒漠的狂风催着我们继续前行，穿越无数荒山和
灌木林。突然，司机马师傅指着窗外大喊："看，野
骆驼！"

　　我们循声望去，只见在道路右边，一群骆驼正低
头吃着草。我们的到来似乎一下子打破了平静。其中
一两只抬头错愕地看向我，就这样两两对视，傻傻站着。
突然有种物我两忘的平静，仿佛自己也成了其中一只。
我开心极了，因为这是我第一次在动物园之外的地方
看到骆驼。也许是因为常年风餐露宿，它们看上去远
比动物园的同类们更精瘦健硕。

遇见龙卷风和骑行去西藏的人

我很少在旅途中睡觉，生怕错过风景。

就在我紧盯着窗外时，远处一道黄色漩涡，从半空而降，这是我第一次亲眼看见龙卷风。但它没有想象中那般张牙舞爪或者试图摧毁一切，小小的龙卷风只是在旷野之中嬉戏游走。它为什么产生，什么时候消失，谁都不知道，谁也不介意。仿佛这一切和我们都没有关系。

还有一群全副装备的骑行人，他们要一路骑车去拉萨。就算满身伤痕，也依然心怀勇气和对自由的向往。我靠着车窗，看他们一个个瞬间消失在我的视野中。

遇见跳舞的仙鹤

司机猛然急刹车，前方匪夷所思地出现两只过马路的仙鹤。

其中一只似乎有点郁郁寡欢，冷冷瞪了我们一眼，然后缓慢又不失优雅地继续前行。另一只看起来则兴高采烈。不一会儿，两只突然翩翩起舞，红冠夺目，长腿微曲，扇动丰厚的羽翼，嘴里发出愉快鸣叫。

我被这一幕迷住了，屏住呼吸，心跳也骤然加快。

遇见回家的小绵羊

这真是奇妙的旅程。一大波羊群就出现在视野里，
像块毛茸茸的硕大地毯铺满整条道路。

它们温和地向我靠拢，随之而来的是一阵热浪。
羊在一米之外停下脚步，兴奋地叫着，好奇地张望我。
我依恋地走出羊群，边走边和它们分别，一次次回头
看它们远去，却没有一只羊回头望向我。

它们有它们的道路。

　　一只看起来刚出生没几个月的小羊羔被牧羊人暂时遗忘。我弯下腰抱起它，就像抱起刚出生的婴儿。它软软的，暖暖的，在我怀里撒娇地扭动着，突然高喊一声：咩。

　　我大笑着，更亲密地搂住了它。那一刻，我就像爱 Mia 一样爱着这只小羊。

【平行空间的女巫 · 365 日小日常】

喜欢的狗不出现，出现的狗不喜欢。

where is my true love

2017.04.18
By 女巫

（三）

　　司机马师傅是个非常朴实的人，他说："你们想去哪我就开去哪，说停就停。"

　　"我想去德令哈。"

　　于是我们从茶卡出发，沿途穿越荒漠丘陵，在接近德令哈的东部，车停靠在路边，大家在荒野土丘后稍作休息。身边灌木看起来孤零零的，沉默着，我和它们相遇，然后分别。

　　我承认，我常常在海子的诗句中迷失自己，为自己的善于妥协和易于满足而偷偷生着气。直到今夜我来到德令哈。

黄昏的德令哈弥漫着独特诗意。暮色四合，乌云逼近。街道宽阔而空旷，泥泞的道路四横贯穿。德令哈也是幽香的，沿街丁香盛放。城市的灯光，在一瞬间点亮。光，会给人的内心带来奇妙变化。我猜想1988年的德令哈，是昏暗的。夜晚没有路灯，诗人失去慰藉。

我们散步来到人群聚集的巴音河畔。河边行走的人们似乎都相互认识，他们走几步就停下来交谈，脸色温和。在他们身后，就是海子纪念馆。走走停停，月色皎洁，河水平静。诗人曾写道："面对大河我无限惭愧，我年华虚度，空有一身疲倦。我随意地在河边坐下来，时间在此停滞，似乎再也不用担心未来的疲倦。"

夜是五月依旧寒冷的夜晚啊，风是吹过海子面庞的清风。他寻求那得不到的东西，我们得到了我们所没有寻求的东西。1988年7月25日，他写道：

姐姐，今夜我在德令哈

这是雨水中一座荒凉的城

草原尽头我两手空空

悲痛时握不住一颗泪滴

　　有时奔波千里，就是为了看一眼世界上另一个孤独的自己。曾经那么渴望接近的我，刚刚抵达，就已要离去。

　　拜见完诗人，我们决定去著名的老严羊肉馆换一换心情。

　　果然，美食能治愈一切。炙热的火焰照亮年轻烤肉伙计那充满朝气的脸庞，烤羊肉的香气扑鼻而来。我靠在门柱上看他们翻来覆去地烤，心都被烤暖了。

　　饱餐后散步回酒店。路过街边的小超市，买了听冰镇可乐。这里人不收硬币，老板娘怀抱婴儿，从贴身口袋里找给我几张还带着体温的一元纸币。

　　今夜啊，我在德令哈。

【平行空间的女巫 · 365 日小日常】

我想跟你说很多心里话，其中一些是傻话，

我想长久地拥抱你，用安定的姿势，

我想更深入地探索你，用真挚的情感。

哪怕懂你越多，我就愈发羞愧自己所知甚少。

想你。

（四）

青海是没有清晨的。不管你多早醒来，窗外都是一片阳光明媚的样子。

今天，我们将启程去探访荒漠之中的湖泊。

在青海公路穿行，世界有些寂静。远山连绵，车迹罕见，道路两侧辽阔空旷。飞鸟和绵羊或集体驻足休憩，或成群漫步着。一切都是最初平凡又纯粹的模样。

汽车开过可鲁克湖和托素湖之后，又是永无止境的荒漠之路。

一段颠簸后，金子湖在路边突然出现，就像神明降临，让人顿时脸庞发热，心潮澎湃。带着兴奋又有些紧张的心情，我们驶入这片无人区。

　　走过眼前这片将绿未绿的大草原之后便是碧蓝的
湖泊，湖泊之后即金色沙漠，沙漠之后是苍茫戈壁。
每一处起伏，就像年轻女孩优美曼妙的曲线。几乎所
有的西北元素，层层叠叠，一下子全部涌入眼帘，让
人目不暇接，来不及消化。你只得屏住呼吸，步步向
它靠近，同时发出啧啧惊叹。

　　金子湖宛若上天赠予人间的礼物，宁静平和。我
们驻足阳光之下，享受着它的美妙，忘了时间，忘却
一切。

【 平行空间的女巫 · 365 日小日常 】

如果你说随便，我就带你去吃山花家的鳗鱼饭，

一整碗明亮直白的炭火鳗肉，多么新鲜肥嫩，

唇齿中还将残留后味的微甜。

此刻，小羊 Mia 也踮起脚，踮起脚，探头去闻一碗饭的风骚，

面我这就要深呼吸开动挖第一口，

暂时顾不上和你说话了，我要吃到心满意足为止。

（五）

为抵达这座地图上了难觅踪影的小镇，我们穿过荒漠高原，走过湖泊山丘，绕了很远的路。

在海拔 3800 米的高原，司机马师傅正伏在草原上虔诚祷告，而我在路对面的荒漠上放风筝。到目前为止，我还没有找到自己的信仰。但这并不重要，重要的是我始终被一种乐观向上的力量推动着。而这种力量，就是我的信仰。

龙羊峡，青海之行的最后一站。

下午六点来到这里，街上几乎没人，沿街的停车位稀稀拉拉停放着几辆车。这座小镇远离尘嚣，宛如小说《瓦尔登湖》的开篇描述的那般场景。小镇上的人们生活在自己的时空里，我们这些外来游客就是闯入者。但当你向他们询问黄河在哪时，他们会默默指向街的尽头。

自小镇中心步行十分钟，就可以到达黄河。

我们站在清澈见底的黄河峡谷边，对岸就是起伏险峻的高高山岩。黄河的发源之水是如此纯净，河水滚滚奔腾，天地寂静。壮丽到了极致，你反而会感受到前所未有的平静。自由和爱这两样东西，在空气里弥漫开。

时间在此刻过得特别缓慢，特别奢侈，黄昏尤其漫长，你甚至会因此特别愧疚自己曾经把大把的时光浪费在那些平淡无趣的话题上。

就呆呆站在这里，面对母亲河。突然觉得天下相爱的人都应该牵手走过这片河滩，为这壮美的风景，也为了那永恒的爱。

河滩边还有很多未曾开花结果的植物，它们假装平凡着，深藏自己的美丽。

在龙羊峡的一天，如此短暂却美好。我们就好像一对刚刚心意相通的恋人，因为半夜一条温暖的短信而心动，却又没了下文。可这短暂的心动最令人难忘，它就像一剂兴奋剂，成为改变平凡生活的核心。

是不是越陌生的地方，越令人上瘾？我们付出那么多流动的时间，只为去遇见一些令人好奇又独特的地方。而青海，它正好具备神秘与平凡的两种特质，它让我迷恋，让我想要长居于此。我深深地爱上了这座寡言的小镇。如果可以，想永远这样生活下去。

我们在第二天凌晨离开。从半山腰回望龙羊峡寥落的灯火，它那么远，那么微小。

讲究的穿搭
不将就的旅行

132

【平行空间的女巫 · 365 日小日常】

青海穿搭指南：朴素的呼唤

场景一：天空之境
服饰关键词：中式丝麻七分袖外套 + 白色棉麻连衣裙 +
亮色长丝巾

　　湖面就像你内心的明镜，你寂静，它也寂静。云朵坠落在湖心，偶有一两片银色盐堆在湖水远方泛出闪烁的光。一件中式丝麻的外套，此刻也传递着寂静与禅意，领口的手工刺绣隐隐闪露光线投射，更隐隐透露出内搭的白色长裙。此刻，风就在两件衣服之间微妙游走。

　　再搭配一条亮色的长丝巾，用它的热烈点燃我们内心积累的疲惫与黯淡，就像那高原阳光。

场景二：青海公路
服饰关键词：**花朵真丝衬衣 + 麻质阔腿裤 / 牛仔热裤**

　　灰蓝色花朵真丝衬衣，就像盛开在公路上的浪漫。搭配米色系阔腿裤，自由自在，似乎下一刻，我就要启程浪迹天涯。

　　中午，换上充满弹性的牛仔热裤，再将丝巾围成卡秋莎的造型，不但抵御阳光直射，在这茫茫荒原上，看起来也算是一种风情。

场景三：荒野土丘
服饰关键词：白色麻质旗袍 + 流苏三角披肩

　　深咖色的流苏羊毛披肩是我在青海旅途中最喜欢的一件单品。它非常保暖，能挡光，能凹造型，更适合穿上去经历丰富的事情。流苏包含着手工匠人的情感与诚恳，披上它，再疲惫焦虑的心也会沉静下来。

场景四：黄河峡谷边
服饰关键词：小蝙蝠袖针织衫 + 白色长裤 + 翠色叶子
小丝巾

　　大地色的针织衫与远山相呼应。深浅色调叠穿令
身体语言生动，白色裤装则准确传递度假心情。将点
缀有翠绿色树叶的小方巾扎成头巾，与同样翠绿色的
复古项链坠子相呼应，伫立风中，聆听远山呼唤。

场景五：古老河湾
服饰关键词：短袖流苏裙子＋黑色流苏和服丝绸外套＋
米灰羊绒围巾＋黑色流苏小包

　　米色镂空流苏连衣裙搭配黑色流苏和服丝绸外
套，再加入米灰羊绒大围巾和黑色流苏小包，顿时增
添许多沉静气息。羊绒围巾绝对是用于搭配衣服的重
量级主角。

台北：我喜欢上你时，希望你也喜欢上我

女巫飞行地图：

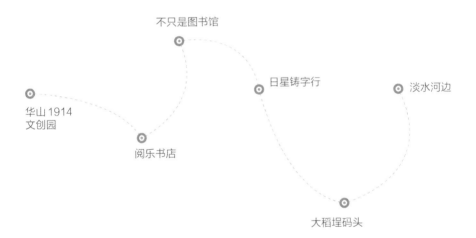

不只是图书馆

华山1914
文创园

日星铸字行

淡水河边

阅乐书店

大稻埕码头

所有的目的地似乎都埋伏着一场回归。

这是我的第三次台北之行。没办法，我就是喜欢台北。它既保持着目的地的疏离感，又因为仅一岸之隔，让人觉着亲近。它清新文艺，同时又底蕴深厚；它看似波澜不惊，实际暗涌澎湃；它就像一位梦中情人，儒雅而幽默，善解人意又宽容，它具备一个城市令人心动的所有理由。

六年后重返这座温情脉脉的城市，那些最初抵达的地方依旧朴素迷人，可那些日子的记忆如何寻找呢？

我已经改变了。重新去和台北相认，交谈，惺惺相惜，重新触碰那些令人心意荡漾的行走线路，重新喜欢上一个城市，唤醒爱意，这就是旅行赋予我的，最奇妙的意义。

台北，我喜欢上你时，希望你也喜欢上我。

（一）
彩虹色的展览

　　天空明晃晃的，两边的商店也显得有些疲惫。我们前往华山 1914 文创园，去看英国"坏"绅士 Paul Smith 的台北巡回展。

　　展览现场布置得俏皮幽默，富有童心，同时代表着一个时代的优雅与力量。先和迷人的鬼才设计师 Paul Smith 先生合影一张吧。

　　再去看看他开的第一家 9 平方米的粉色小店，体验一下这位时装大师的传奇起源。

　　这是一面宏大的墙，布满七万颗各种颜色的扣子。
Paul Smith 的设计工作室也被搬了过来，桌面凌乱地
摆放着书籍资料、布料、设计图稿，还有手风琴、咖
啡机、古董收音机等小件，这些杂乱无章的元素构成
了设计师最重要的灵感来源。

　　有一名疯狂的粉丝坚持数十年给他寄礼物，从水
壶、椅子、拐杖、烫衣板、捕虫网到模型玩具等等包

罗万象，Paul Smith 先生觉得这些礼物都很有品位，
于是就将其制作成了眼前这面趣味横生的展品墙。

　　当之无愧的重头戏自然是时装。临近尾声，展区
里终于出现了 Paul Smith 先生历年经典作品展，包括男
女时装、主题印花、针织衫、晚礼服……几乎跨越全品类。

　　看得出设计师偏爱鲜艳的色彩和明亮的条纹。趣
味的印花和极其讲究的英式传统手工缝制技巧，令每

一件高级成衣都凝聚了久久的注视。

　　临走前，我买了他和 Caran d'Ache 跨界合作的一支笔。包装盒是缤纷的彩虹色，放在包里，仿佛藏着一道彩虹。

华山 1914 文创园区

地址：台北中正区八德路 1 段 1 号

电话：＋ 886 2 2358 1914

台湾穿搭指南：文艺清新

场景：看展览
服饰关键词：法式碎花真丝衬衣 + 黑色伞裙 + 金色平
顶宽檐帽

　　漫长的一天里，可能会不止抵达一处，如何用一
套衣裙拿下所有场合？答案就是：法式碎花真丝衬衫
搭配黑色伞裙。你还可尝试随身戴一顶时髦的金色帽
子，就算只是拿在手上，也是令造型生动的不错之选。

　　另外，记得随身带一件可保暖的黑色镂空纹理羊
毛披肩。在冷气充足的餐厅或影院，它会派上用场。

【 平行空间的女巫 · 365 日小日常 】

武林路的小面包店，瘦小的纯白色门头一晃而过，

可是面包香气会撒娇拉回你的脚步，

法国乡村感浓郁的香蕉巧克力可颂，味道质朴，

这一段独自跑来吃面包，

喝热咖啡的时光，分分钟都妙不可言，

谁都以为热情永不会减。

（二）
这大概就是我梦想中的书店

　　不知道为什么，在台北我们总是被误以为是日本人。在酒店登记入住，一位日籍接待员被耳麦通知后一路小跑来为我们服务。到便利店买瓶水，售货员也用日语问好。当我们说"谢谢"，服务生们便会微笑着颔首回答："不会。"

　　真是个有趣而真诚的城市呢！

　　连续两天来到松山文创，这里到处散布着好看的书店、杂货店还有咖啡店。整个园区的外观是硬朗的厂房构造，内在实则柔软极了。它从城市生活中汲取灵感，然后放大生活细节所带来的美妙感受。

在园区诚品生活大厦的斜对面，一处绿树掩映的小楼里，开着一家灰绿色调的"阅乐书店"。这大概就是我梦想中的书店：氛围质朴亲和，选书范围大都集中在艺术、音乐和电影领域，还有一些独立出版杂志书的品位也很赞。

虽然那碗酱油肉松皮蛋面，难吃到两个饥肠辘辘的人也吃不完一碗。

阅乐书店

地址：台北信义区光复南路 133 号松山文创园区

电话：＋ 866 2 2749 1527

台湾穿搭指南：文艺清新

场景：阅乐书店
服饰关键词：文艺范细条纹棉布衬衣＋雅痞味玻璃小
领结＋白色报童裤

　　去文创园区，当然要穿得文艺。极细致的红白色
条纹衬衣，挺括的棉布面料支持设计师将袖笼处理成
灯笼袖，增添了文艺的戏剧感，领口则借鉴了男式衬
衣的礼服元素，正式感飙升。

　　我加入了一枚白色玻璃小领结，搭配少年感强烈
的及膝白色中裤，减龄同时丝毫不弱化那份精致讲究。

【平行空间的女巫 · 365 日小日常】

一粒一粒包装的玫瑰漱口水，随时清新口气，

你闪着薄荷香气的嘴唇就是我最喜欢的样子。

放几粒在包里，饭后别人递给你一支口香糖，

你却迎过去闪着薄荷香气的嘴唇。

（三）
不只是图书馆，不只是小卖所

松山文创园仓库二楼还藏着一家低调的"不只是图书馆"，这是台湾第一家以设计为主题的图书馆，也是整个台北的设计资讯中心，陈列着超过 20000 册的设计类书籍和全球各种最新设计杂志。入场门票是每人 50 元新台币。

图书馆人不多，看穿着气质大都是从事设计与创意行业的年轻人，室内充满着与激情创意背道而驰的秩序感。安静温和的自然光透过宽大的黑色窗棂和彩色玻璃，均匀洒进室内。

　　我想起那句吸引我追寻到此地的话："当我陷入困境时，我总是来这里。顾名思义，它不仅仅是一个图书馆，它是一个充满可能性和思想诞生的地方。"

　　沿阳光拾级而下，我们来到人气颇高的松烟小卖所，其实就是园区的服务中心。可哪一个服务中心能做到如此有格调呢？这里随处可见当年松山烟厂的一些老家具和其他旧物。与古旧相对比的，是好多种类的文创产品，它们长得有趣可爱，一件件都令人爱不释手。

　　看累了，就坐下来喝一杯咖啡吧。在台北，似乎就没有不能喝咖啡的文艺铺子。再小的店面都会在角落里给你留下位置，渴望抚慰你。

不只是图书馆 & 松烟小卖所

地址：台北信义区光复南路 133 号松山文创园区

电话：＋886 2 2745 8199 ＃ 322

台湾穿搭指南：文艺清新

场景：不只是图书馆

服饰关键词：纯白马海毛套衫＋白色破洞热裤＋复古黄色系丝巾

　　分袖式纯白色马海毛简直极尽全部温柔，高级的毛绒感令人心生亲近，镂空纹理尤其清新。哪怕在 32 度的初秋，依旧视觉清凉。搭配白色破洞热裤，更贴合周末文创园整体气息，黄色复古大丝巾是点睛之笔，也负责平衡室内室外的冷热关系。

【平行空间的女巫 · 365 日小日常】

书对一个人的影响，往往是被低估的，

也许是因为这，书大都被卖得便宜。

但我很久不读小说了，

懒得花费时间和感情走进另一个人的故事里，哪怕那些故事

跌宕起伏。

反而那些提供新知的书，被长期放在床头，

在入睡前的一个小时，翻阅、欣赏。

（四）
深巷中古老的日星铸字店

　　跟着导航从一条居民小巷子拐弯进去，走到一半
我们犹疑是否迷路了。就在这时，张先生的日星铸字
行就冷静地竖立在右手边，视线绕过几辆拥挤摆放的
机车，透过不大的门面一眼就望穿了整座店铺，密密
麻麻的几排全部陈列了各式字体与型号的铅字。

　　店堂内不能携带包入内，因为担心在狭窄的走道间
会误刮到两旁的铅字。店员轻声请我们将行李放在门口
无人看守的铁架上，有人问："证件现金都在包里，没
问题吗？"店员骄傲答道："从来都没有发生问题哟。"

穿行在无数铅字之中，每个人都在仔细欣赏着活字印刷之美，仿佛字字在轻唤着。店员老先生的循循讲解也温存有声。

日星铸字行

地址：台北大同区太原路97巷13号

电话：＋886 2 2556 4626

台湾穿搭指南：文艺清新

场景：日星铸字行
服饰关键词：宫廷感强烈的复古花纹真丝连衣裙

如同去小型博物馆，我选择了一条复古花纹连衣裙。

舒适松紧的皱边小立领，呼应同样皱边处理的裙摆，宫廷感强烈的袖口在手肘处大胆释放尺寸，令手腕显得纤细古典。腰肢是充满弹力的，细致的百褶裙身有微微立体的筋骨感，垂坠而舒展。当我换上这条裙子，连肢体举动都变得矜持起来。

【平行空间的女巫 · 365 日小日常】

村上春树的小说《没有色彩的多崎作和他的巡礼之年》，

就是以这张古典音乐唱片为故事主线的，

据说"看过这本小说的人，都痴迷着想听这张唱片"。

当年，音乐家李斯特正与深爱的伯爵夫人

一起逃往瑞士、意大利等地，

《巡礼之年》中的七首钢琴曲

弹奏出那段真挚而宿命的旅行岁月。

书还没有到，CD 先到了。

我决定缓一缓，等一个周末下雨的傍晚，

然后一起打开它们，

打开在雨天就会变得尤其敏感的视觉与听觉。

（五）
潜入大稻埕的老派日常

上午九点半，出租车窗外的大稻埕，街道狭窄，场景怀旧，老派，缓慢。它比台北市区更市井，也更热闹。卖早餐的小食铺已经做完了一轮生意，老板正歇下来靠着门柱吸烟，老人们就坐在路边说笑聊天，放暑假的孩子围着做生意的母亲转，见到客人来了顿时一哄而散。

我想，只有足够沉淀的城市，才能够滋养出如此小巷小弄的宁静日常。

　　马路尽头的大稻埕码头却空无一人，淡水河明亮坦荡。走下码头的橘色铁桥，通往一艘陈旧而雪白的船。这时从码头走下来了一位穿碎花连衣裙的老妇人，带着日式藏蓝色渔夫布帽，她小心上了船，招呼我们也上船。现在是通航期，这班船 20 分钟后就开往淡水码头。因为没有想好去淡水干吗，我们笑笑和她说再见。

　　一条明亮的江，一艘陈旧的船，一位热心的当地人，这就是大稻埕码头留给我们的老派画面。

　　阳光猛烈，今天实在太热了，我们返回街市热闹处，坐在枝仔冰城门口吃一根酸甜恰好到美妙的百香果冰棍。门口不但有座位，还贴心装了洗手盆，拎着一大篮子菜的街坊经过，也会坐下歇歇。

大稻埕码头

地址：台北大同区大稻埕广场一侧枝仔冰城

地址：台北大同区迪化街一段 NO.69

电话：＋ 886 2 2555 5118

台湾穿搭指南：文艺清新

场景：大稻埕
服饰关键词：白色 V 领修身连衣裙 + 渔夫草帽

　　去市井气息浓郁的地方，一定要穿得更沉静高贵，这样才能形成反差，才能够将人物从场景琐碎之中一拔而起，形成主角光环。一件讲究细节的白色 V 领连衣裙不负使命。再加入黑色镂空披肩，可略显日常慵懒。

【平行空间的女巫·365 日小日常】

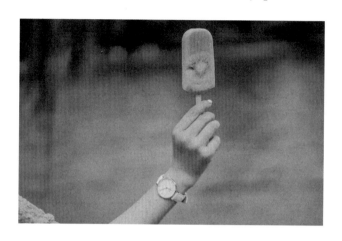

此刻，整个夏天都被我高举在手上，

整面湖水的清凉仿佛倾泻而下。

路上没有一丝风也没关系，

天空不见了云彩也没关系，

你说好了却没来，也没关系。

（六）
这是注定要抵达的淡水河边

台北并无特别宏大的风景，城市建筑也从不曾日新月异。而台北的迷人之处，也许就在这份淡泊。

临近回来的那天，我们坐上出租车，无所事事地跟司机说：要不去永康街？司机大哥问："你们去过淡水吗？这个时间那边落日很美。要不要我送你们去捷运火车站，搭捷运去很方便哟。"这是同一天里第二次听见有人向我们推荐淡水了。它成为我们注定要抵达的地方。

我说："那就直接去吧，坐你的车。"

司机大哥很开心，一路跟我们聊起他和女朋友之间吵架的趣事。司机大哥目测已经 60 多岁了，可他依旧称呼自己是男生，女朋友是女生，这样的爱情生活听起来年轻、浪漫。

淡水河带着一种被时光亲吻过的气息，那感觉不是落寞，而是稳定。一位坐在草地上独自等待夕阳的当地老人叮嘱说："等太阳落下去，别急着走，之后的几分钟才最美哦。"

果然，漫天红霞在日落后汹涌而至。

在码头的烈日下开始，在淡水的夕阳中离开。我愉快地度过了今天，一整天。

淡水金色海岸

地址：台湾新北市淡水区

电话：＋ 886 2 2960 3456

台湾穿搭指南：文艺清新

场景：淡水河边
服饰关键词：深色碎花真丝连衣裙＋绛红色小丝巾

    去河岸边，记得要穿飘逸感强烈的裙子，深色碎花也是不错的选择，偏红的夕阳光线会令身体上的花朵明艳起来。

【 平行空间的女巫 · 365 日小日常 】

这次我在米兰买了六双鞋子，

这双断码折后只要六百多元人民币，

藏蓝色松紧平底鞋，天生携带高级轻盈的舞鞋气质，

几根弹性绑带优雅交叉紧贴脚踝，

深刻理解着我的每一处细微尺寸和运动轨迹，

它闯入我的行李箱，

将自己彻底奉献给一场意外的尼斯旅行。

它令每天身背相机和大包

沿海岸线负重行走一万五千步的我，时刻步履如飞。

（PS：在台北也只穿它）

尼泊尔：日光倾城，追逐光阴

女巫飞行地图：

博卡拉

奇特旺   帕坦古城

昆明

加德满都

巴德岗

（一）
杭州—昆明—加德满都—猴庙

凌晨四点半从杭州出发，整整用了十二个小时抵达尼泊尔。

此次尼泊尔之旅，我带上了闲置已久的复古小包，一双咖色手工复古鞋，以及深咖真皮壳莱卡小相机。这些小物件对于我这种身材不够高挑的女生来说，可以稳妥提升自身的气场。

在尼泊尔，对服装舒适度的要求早已超越对外观的追求。一件廓型加厚羊毛外套可以任上身自由舒展，内搭一件浅蓝牛仔衬衫裙提亮肤色。

比外套浅了几个色系的粉色丝巾当仁不让地成为视觉重点。丝巾上的枣红色印花和羊毛外套的颜色呼应，和深棕红建筑也相得益彰。

【平行空间的女巫 · 365 日小日常】

曾经被一字带高跟凉鞋磨伤了脚，

脚背怎么也磨合不好那根优雅独特的细带子。

可这丝毫不阻碍我被米兰街头橱窗里的这双红鞋深深吸引，

并且自我安慰说：加上荷叶边宽度的一字带，肯定会舒适不

少。

前天穿出门才走了几百步，我的脚还是无法和它匹配，

如今让我为了漂亮而放弃舒适感，我可不干。

（二）
加德满都杜巴广场—博卡拉途中

旅行中服装的颜色搭配很重要。当你为此苦恼时，白色永远是你的最佳选择。

白色重磅蕾丝裙，这是我行李箱中体积最大的一件服饰。重重叠叠的蕾丝裙摆安静垂落，和宽阔镂空的领子一起传递出古代手工感。它与古典厚重的杜巴古城完美融合，又因为色调的对比更加瞩目。黑色宽檐呢帽的加入，有效提升个人气场。那一刻，我感觉自己就是那古代童话故事里的参与者。

另外，别忘了买一串新鲜的橘黄色金盏花，去和这个城市建立起微妙的联系吧！

　　回酒店吃完早餐，我换上轻松舒服的墨绿针织连
衣裙，搭配高光泽感的绿色系宫廷印花细长巾，随身
携带一顶橘色呢制小礼帽。接下来，我们将在大巴上
历经七个小时的颠簸，抵达下一站。

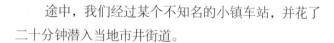

途中，我们经过某个不知名的小镇车站，并花了
二十分钟潜入当地市井街道。

【平行空间的女巫·365 日小日常】

我所拥有的皮草，

仅有这只 Christian Dior 浅水蓝色貂皮皮草手环，

手腕间还有金色 "D" 字母美妙着若隐若现。

将富贵逼人的皮草缩减到一只手环的体积，

顿时满满少女感，可在买下它的时候，

我根本没考虑过可以搭配什么。

考虑那么多干吗呢？想起来，这也算是我的一贯风格：

不想那么多，先干着再说。

（三）
博卡拉雪山日出—印度教神庙—费娃湖

　　牛仔裤、厚外套和暖和的围巾、帽子是看日出的标配。不得不提这条伴随我整个旅程的罂粟紫手工钉花围巾，它的奇妙之处在于针织面料和印花轻纱的材质拼接，仿佛一半是海水一半是火焰，既保暖，又轻盈，好似随时能让它在风中摇曳飘荡。

　　水溶蕾丝镶边的纯白棉布衬衣，绝对是衣橱里的最佳女配角。它本身缺失存在感，所以分外依赖你的搭配方案。这时候，再多的元素，它都能完美搭配。

　　只不过是换上一条丝巾的工夫，温度变了，场景变了，心境似乎也变了。戴着这条复古蓝和金黄格纹图案的细窄丝巾，我们在博卡拉，悠闲的下午，沿着雨中的费娃湖散步。

辽阔湖面上三三两两停泊着彩色小船，最远处是隐约的雪山，湖边露天咖啡座上已有旅人喝上了今天的第一瓶啤酒。这正是我想要的生活啊。

今天的最后一套搭配，我选择了我最爱的黑色高领无袖针织衫，搭配宝蓝色花朵半身裙。配饰我选择了与半身裙色彩上相撞的橘红色细皮带，与皮带相呼应的橘红图案纽带小丝巾，还有那顶无法忽略的芥末黄羊毛渔夫帽。

【平行空间的女巫·365 日小日常】

当你感到失落，请看一眼白色花朵，

春天总在每个午后细数她的宝贝。

你看，风铃花正在小朵盛开，

胸口只带一点点嫩绿的厄瓜多尔柠檬玫瑰却未苏醒，

那些不知名的刺球和尤加利啊，

浑身满满的骄傲和小倔强。

这是三月的小情歌吗？

我能给你一个白色拥抱吗？就像你曾经给予我那样。

（四）
博卡拉—奇特旺国家公园

整个上午都在坐车赶路，等待我们的是奇特旺国家公园的滂沱大雨。

从度假酒店步行二十分钟，到达一个很小的原始村落。在村道上邂逅了一位手托鸡蛋的年轻人，摄影师拍下我们交会后的刹那——我侧身想看仔细他手中的东西，他却正在偷偷笑。

　　一群可爱的小孩子欢快地从泥屋里向我们跑来，他们会说简单的英语，坚持一路送我们回到酒店，最后恋恋不舍地说了拜拜。

　　原本为河边落日准备的衣服，最后都被大雨淋湿。选择这套衣服的缘起是一根紫红色的羊毛头带，因为我太偏爱它，所以特意为它搭配了同色系的棉麻宽裙子，紫色尼龙包，以及那根红色腰带和罂粟紫针织拼接的围巾。

【 平行空间的女巫·365 日小日常 】

早上突然在伦敦买回来的布袋夹层里摸到这些小纽扣，

就想到那些在博物馆商店流连忘返的时光，

那些此起彼伏的惊叹声和需要不断自我克制的占有欲。

这些扣子就是证明。

在行李箱体积和购物预算有限的条件之下，

我再买上几粒手工打磨的纽扣总可以吧？

虽然我也不知道哪件衣服可以配得上它们的故事。

（五）
奇特旺的塔鲁族部探访——加德满都

今天的第一个游玩项目是骑大象穿越原始森林，所以裤装是必需的。我们辗转来到塔鲁族人的村庄，这里的生活如此安静祥和。

当你想走近他们时，只需绽放最真诚的微笑，当然带着糖果那是再好不过。这时，罂粟紫围巾摇身一变，变成像当地人那样的头巾。这绝不仅仅是为了漂亮啊，它表达出我渴望靠近和融入的心情。他们果真善良羞涩地向我笑，说些简单的话，请我去泥屋里坐，看小孩子用柴火久久地煮一枚鸡蛋。

【 平行空间的女巫 · 365 日小日常 】

打开这份来自冲绳的小礼物后，

我的餐桌词典中，盐的定义，已被改变。

五颜六色的各类盐，

有撒在沙拉上的盐，撒在白饭上的盐，

柚子盐、芥末盐、炸鸡盐，还有加了葱的盐。

想起在冲绳的冬夜，我曾站在这家老店前，

往手中的牛奶冰淇淋蛋筒上撒海盐，那晚的圆月此刻就在我

眼前。

（六）
加德满都—巴德岗杜巴广场—纳加廓特日落

有人说，即使整个尼泊尔已然毁灭，只要巴德岗
还在，就值得你绕过半个地球去看它。清晨四点半，
我们抵达了这座享有美誉的城市。

我选择用一条黑底大白花的和服长裙掀起本次旅
拍的最高潮。这条裙子也是在关上行李箱前最后决定
的一件衣服，我最终用它替代了一件同类型的品牌连
衣裙，两件各有精彩，但是这件面料更挺括，花色对
比度更强烈。

　　凌晨清冷，不能少了玛瑙红的基本款羊绒开衫。
红色宽腰带和宽檐黑帽更是让我在当下的环境里显得
格外显眼。我在街道上走走停停，大家仿佛是被我混
搭的造型所吸引，气氛都变得微妙起来——男人原本
在喝茶，女人在卖菜，小孩喧闹，可走到最后那一个
来回时，他们都停下了手中的忙活，好奇地望向我。

　　经过漫长的行程，我们终于到达欣赏雪山日落的最美山坡。这次我将双面腰带的另一面显露出来，那是纯净的钻蓝色。

　　山坡上，炊烟袅袅。一个刚放学的小女孩和她的羊儿一起玩，她的母亲站在一旁捡起她的书包。

　　一看到天空的云彩，心头便涌上一种永恒的感觉。

【平行空间的女巫·365 日小日常】

身为一本书，总是孤独的，

刚被翻看了几页，

主人放下它又抱起了手机，直到昏昏欲睡。

还好有人偶书签，

它们认真阅读着故事情节，

忽而流泪，忽而笑出声来。

（七）

纳加廓特—帕坦杜巴广场—昆明

最后一天，来到了帕坦古城。旅行将要在这里结束。

在帕坦古城，我仿佛变为古代世界的一部分，鬼斧神工的建筑默默肃立着。

我选择了与古色古香的建筑色调相接近的服装。穿着浅古铜色的针织长风衣，似乎一转身就能融入寺庙建筑中，瞬间不见踪影。内搭裙子依旧是第一天抵达尼泊尔时穿的那件牛仔蓝衬衫裙，芥末黄的细长丝巾和细黑腰带则默契地统一了全身的风格。

如果你也来到这里，记得登上每个古城的制高点。换一个角度，世界会变化，你也会变化！

　　旅行结束后，我翻开这一张张的照片，突然意识到，那些最好的旅拍，绝不仅仅只是拍下你的盛装你的美，它更能拍出一个个属于你自己的且真实生动的旅行故事。它是你的样子，更是你的思想，是你对这个世界的爱和当下生活的乐趣。

【平行空间的女巫 · 365 日小日常】

谁说我是善变的女人
That is woman

香港：一座潮流与复古的城

女巫飞行地图：

香港

场景一：天星小轮
服饰关键词：藏蓝大喇叭袖复古衬衣 + 橘色镂空针织
鱼尾裙 + 黑色长纱巾

在旅行中，似乎第一次穿鲜艳的橘色。

这一条橘色镂空针织鱼尾裙，我穿着它来到香港，来到天星小轮。

多年前读亦舒的书，她写道："少年时最喜在雾夜坐天星小轮，不为什么，不去哪里，就在维多利亚海峡来回游荡。"所以每次去香港，都要特意去坐一次天星小轮。

从中环上船，挑船头的那张双人椅坐，凭栏看浪花在甲板下翻滚，在那都市霓虹的照射下激昂出蔷薇色泡沫。

复古又张扬的藏蓝色大喇叭袖衬衫搭配橘色镂空针织鱼尾裙，撞色得刚刚好，迎着海风吹起了脖颈上的黑色长纱巾，身体得到松弛，心也得到自由。

场景二：港岛街角小店
服饰关键词：蓝白条纹衬衫 + 黑底白花半身松紧长裙 +
复古珍珠项链

在香港步行，常常会偶遇一些好看精致的地方。

你有意去探索反而遍寻不到的小店，突然就出现在街角，矜持地向你敞开怀抱。

在这样一座精神抖擞的城市，街上人人疾步快行，内心时刻保持生活的干劲。似乎只有我无所事事，东游西荡地去寻找那些令人放松的美。

我穿着的这条可以从初春穿到盛夏的半身裙，既像一朵黑白色高雅的花，也像一首雪莱的诗。微微的喇叭裙摆飘逸在膝盖与脚踝之间位置，穿着它一整天，人很轻松、舒服。

美就是今天唯一的天真。

场景三：赤柱

服饰关键词：驼色针织长外套 + 黑色背心裙 + 白衬衣

　　香港总是弥漫着一些看似不经意但却值得人细细品味的东西。比如，出租车电台播不完的粤语情歌，时代广场空气中迷人又馥郁的芬芳。这是 2017 年的初春，而我却想要时光倒流。

　　在温暖的春天，针织长外套使人松弛下来。它不但轻薄，驼色针织纹理也像表情一般，别有一番趣味。

场景四："1881"
服饰关键词：针织背心长裙 + 焦糖色复古衬衫裙

　　如果你来香港，不要错过维多利亚式历史古迹
"1881"，这里曾经是香港水警总部。在复古陈旧的
建筑里，去理解香港的文化积淀吧。

　　焦糖色复古衬衫裙是有教养的，蝴蝶领口有着浓
烈的知性气质，它温情脉脉又安静地接受了针织背心
长裙。

场景五：中环石板道
服饰关键词：金丝针织无袖套装＋桃心项链

中环石板道聚集了一些老旧小摊，充满怀旧气氛。

金丝感强烈的针织套装，就像一对灵魂伴侣，他们在一起是天作之合，半身裙可以在腰带系一个蝴蝶结，搭配 Christian Iacroix 金项链，一头是镂空大桃心，另一头是镶嵌宝石的金色手工十字架。

它们在中环石板路上闪耀着，暗暗散发隐秘光彩。

场景六：中环半山扶梯

服饰关键词：橘红色金线羊毛针织 + 绿松石胸针 + 白色裤子

　　香港拥有一条 800 米长的半山自动扶梯，据说是世界上最长的户外有盖电动扶梯。搭乘期间可随意进出其他街道。这让我想起《重庆森林》里的经典场景，饰演警察的梁朝伟搭乘扶梯上班，而女主正从公寓窗口窥视着他。

　　橘红色羊毛针织，无须多言，自会散发韵味。贴身穿着也非常舒服，内搭白色假领子，用它提亮脖颈之处的语言，同时响应白色下装。

　　走累了，找一个茶餐厅歇歇脚吧。

场景七：叮叮车
服饰关键词：奶咖色竖条纹针织套装

穿梭于港岛繁华地带的叮叮车是香港怀旧色彩中最浓重一笔。它们看似不起眼，可它们就是钥匙啊，将往事之门"咔嚓"一声转开，房间里空空荡荡，我的心中却嗡嗡作响。

奶咖色竖条纹针织套装让人瞬间抵达安静的时光里。再配上同色系长条丝巾，在脖颈上打一个大大的蝴蝶结，坐上叮叮车慢悠悠在闹中中，去探索一个慢节奏的香港。

场景八：煤气灯街星巴克
服饰关键词：咖啡色针织连衣裙

　　去香港唯一有冰室怀旧风格的星巴克喝咖啡。走进店门，映入眼帘的是旧时的吊扇，花格子阶砖，墙上手写的餐牌，绿色复古的窗户，这些标志符号都被融入这里，我穿着咖啡色针织连衣裙，融入这古老旧时光里，仿佛穿越回了几十年前的市井生活。

伦敦：宿命中的城市

女巫飞行地图：

　　对我而言，伦敦就是座宿命中的城市。自从第一次去过之后，每年我都决定去看它一次。

　　伦敦天生就有种矜持、深邃而又俊朗的绅士气质。第一次来的时候由于逗留时间很短，浮光掠影之下，它看起来不如巴黎、罗马那般时髦迷人。但如果有机会在这座城市慢慢消磨日常时光，你就会发现，它真是一座令人赞叹的城市。

　　这次来伦敦，我住在一个马来西亚女人的家里。她约莫六十岁上下，涂着厚重的眼线。她一边麻利地给我做三明治，一边漫不经心地问道："你爱伦敦吗？"

　　当然，当然。我爱伦敦。我爱的人也在这座城市里。就算生活偶尔发生意外，间歇性发生动荡，但有爱在，乐趣就在。

（一）

世界上最好喝的酒，是在异乡旅途中的美酒。

我想没有哪座城市的人能像伦敦人这样自在喝酒
了。工作日下午六点左右，人们就开始在酒吧聚集。
他们排队买酒，室内坐不下就站着喝，三三两两站在
门口。酒吧不太提供餐食小点，年轻男女大多只买一
杯啤酒。几口啤酒下肚，陌生人之间也分外亲热融洽，
丝毫不像小说中那般矜持高冷。

伦敦有一种更传统的喝酒场所，叫作 pub。那天
在东伦敦区闲逛时突然下雨，我躲进路边一家酒馆。
古老的小酒馆真是好看极了！颇有年代感的古董墙画，
木头桌椅和壁炉，音乐也复古悠扬，昏黄的格调给整
个酒馆镀上了一丝奇妙的微醺感。长得像英国肥皂剧
男配角的小胡子酒保则无所事事地走来走去，偶尔停
下来擦拭餐具酒杯。

一切就像在电影里。

（二）

穿舒适的鞋，带一块羊毛披肩、一瓶水和一袋小
饼干去博物馆吧。

在这座宏大的城市里，博物馆、美术馆实在是太
多了，经常涌现在路边，几乎都免费，当然你也可以
选择捐款，顺便拐进去瞅几眼。

博物馆里没有陌生人，只有尚未邂逅的朋友。世
界那么大，你俩偏偏从不同方向走向同一尊雕塑。褐
发碧眼的姑娘困惑地望着满墙乱飞的一束蓝光，帅气
的中年大叔在她身后思虑片刻，决定上前搭讪。看，
博物馆就是这么奇妙。

博物馆里还通常设有主题商店。当你被展厅里的
艺术品撩起热爱与渴望，主题商店便悄然登场，召唤
你将艺术与罗曼蒂克带回家。

著名的 V&A 博物馆大概拥有地球上最时髦的博
物馆商店。商店不仅面积庞大，出售的商品大都是博
物馆自身的周边设计。比如，有将展品的图案再创作
制成的布袋、笔袋、钥匙链以及明信片等；或是由古
代特色的服饰元素演变成的一顶优雅现代的帽子；甚
至还有东瀛主题的白色杯具等等。就连一张伦敦地图，
也被设计出 10 多种样板，随便打开一张都是浓郁英伦
风的高级质感和故事感。

　　去东区的时候，我们经过一座大花园。没想到，美丽的花园之后，竟然就隐藏着名气很大的杰弗瑞博物馆，人们又称它为"家的博物馆"。博物馆整幢楼中的所有房间都被还原成 20 世纪英国中产阶级住所的模样，旁边竖着说明，介绍场景中出现的每一样物品：瓶子、杯子、沙发和壁炉等。

　　就在这漫不经心中，我们触摸到了一个民族的时代精神与物质变迁。

（三）

复古，是伦敦的另一个标签。

如果你爱伦敦，你也会爱上东区的 Old Spitalfields Market。这里对于热衷复古风的人，简直就是天堂。一对白发苍苍的摊主夫妇，售卖着二手拐杖和各种带着时光印记的老照片。我走到摊前时，老先生热情地跟我讲每一张照片背后的故事。我被那些琐碎又珍贵的美好时光打动了，买了一小叠。临走时，老妇人问我，想要这把红雨伞吗？这是她外祖母当年最爱的一把。

据说 Alfies Antique Market 是英国最大的室内古董市集之一，是时装人士与明星们秘而不宣的寻宝地，他们常常到此寻找时代灵感，古着服装、家具、二手书籍、珠宝、玩具、海报应有尽有。

也是凑巧，那天我一个人出门去参观夏洛克的拍摄地，打开谷歌地图一看，原来市场离我不远，步行20分钟即可抵达。看介绍以为很了不起的地方，在伦敦很有可能只是一个低调的小门面，然后与你擦肩而过。这个市集也是深藏不露，你从某一家狭窄的门店推门进去，然后乱入到走廊楼梯，各种古老的玩物迎面而来，散发一丝陈旧气息的空间陈列和诺丁山给人的轻松感受完全不同。

似乎在这里，购买成为一种目的。几分钟后，我决定要买两只刺绣小包。

去伦敦之前，我翻看《唐顿庄园》，迷恋上女主们穿戴的各式复古衣裙、帽子、手袋和烦琐贵族礼仪，就连她们早餐时翻阅的报纸，都是仆人用熨斗预先熨平整。所以第一眼见到这只刺绣珠片手包，就忍不住想象它曾出现在庄园晚宴的衣香鬓影之间。售卖者说这恰好就是 20 世纪 20 年代左右的手工小包，暗金色和白色刺绣珠片婉转缠绕，最后通通融化在香槟色缎面里，姿态古典清雅。最特别的是包身有一条纤细的拎手，当它进入现代日常搭配，说不定可以穿过皮带，当作时髦的腰包呢。

　　我还选了另一只金色珠片小包，准备送给一位平易近人的女士。那天我却忘了出门带多点现金，但在市场，绝大部分摊位是坚持只收现金。售卖的女人指点我出门右转再右转去机器上取现金。说起来不好意思，这对我是一个能力考验，我对所有的公共设施都有一种莫名担忧，之前出国也都是刷卡或者带足现金。

　　可对这两只刺绣包的喜爱超越了顾虑。等我把信用卡塞进机器后，才开始面对界面迷茫起来。这时候，一个已经经过我身侧的男人退回到我身边，他和善问我是否需要帮助，要不要他示范一遍给我看。

　　就这样，棕发男人摸出他的银行卡，在我面前放慢步骤演示给我看，毫不遮掩输入了自己的密码，最后他取了五镑钱，风一般飘走。

（四）

如果实在仓促，无法精心策划好时间来探索伦敦，那就随意在街上走走吧。

当我经过街头热情而矜持的弹唱艺术家，当我绕过 Earl's Court 拥挤的站台人群，当我笔直走向 Shepherd's Bush Market 上空雪白色的云……这个城市正向我敞开更深入的快乐，它松弛自在，就像一个活得舒坦的女人，既毫不在意又非常骄傲自己的容貌和思想。

我就想带着你的目光，一起去探索她。

英国人看似高冷绅士，其实深谙幽默之道。这里每天都上演着各种趣味横生的逗乐表演。在考文特花园，来自世界各国的游客们纷纷席地而坐，一坐就是一下午，欢声笑语洒落一片。当地人站在二楼的露台喝着冰啤，远远观望着，精彩处也会大声喝彩。

伦敦也是一座讲究到了极致的城市。你随便往哪儿走，都能看到美好而精致的店铺。人们沉醉于美的细节中，并因此不断产生崭新的热情，不断设计创新，重新投入日常生活中去。路过一家店铺，走进去，在里面消磨再多的时光你都不觉得浪费。

红色电话亭一直都是伦敦的标志之一。或许你很少会看见有人摸出硬币打公共电话了，但红色电话亭一直都在。它们就默默站在街头，成为伦敦特有的风景。据说，英国人民正在用自己非凡的想象力改造电话亭：有的改成充电站，有的成为手机修理铺，还有些成了迷你图书馆……等你去慢慢探索。

伦敦，时间旅行者的落脚点。

伦敦穿搭指南：装出英伦范儿

场景一：街头

关键词：英伦格子小西装 + 蝴蝶结草帽 + chic 丝巾领带

蝴蝶结草帽，优雅气息浓烈，它是日常生活方式下的内在自由，是浪漫的闷骚，是流浪的小冒险，搭配当地商店购买的英伦格子小西装和 chic 感丝巾领带，气质分外伦敦。

场景二：博物馆
关键词：经典款卡其色防雨风衣＋平顶小呢帽＋灰绿色鳄鱼皮包

伦敦的天气变幻莫测。阵雨来临，人们大都竖起外套的领子或戴上帽子，并不介意没有带伞这件事。所以一件防雨风衣人人必备。风衣搭配一顶英式的小呢帽，整个肢体语言也随之发生了微妙变化，灰绿色的鳄鱼皮挎包尤其质感古典。

此刻，我成了一个郑重其事地去博物馆消磨下午时光的女人。这件颇带光泽感的卡其色长风衣跟随我六七年，我想我还会继续穿下去。

场景三：小酒馆
关键词：经典条纹针织开衫 + 苏格兰威士忌刺绣胸针 +
欧根纱长丝巾

　　经典黑白条纹针织开衫充满朴实的包容性。这次
我选择白色面积更多的条纹衫，更富减龄效果，开衫
设计则带来更多搭配可能性，在扣上时，记得松开最
后一颗扣子显示从容。有筋骨的欧根纱长丝巾，带来
一丝英式幽默感。在小酒馆搭配趣味苏格兰威士忌刺
绣胸针，周围空气都荡漾起微妙的微醺。

场景四：海德公园
关键词：风衣感藏青色羊毛大衣

　　伦敦海德公园，身后是密布的云和寒风。我站在宽阔风景之中，风衣感元素的羊毛大衣非常保暖，束紧腰带勾勒出冬天的身体曲线，也更防风。

　　藏蓝是我深爱的颜色，尤其在这般苍穹之下，藏蓝尤其显得英伦高级范，胸前的金色装饰扣质感很赞，有它在，就直接婉拒了别的饰品加入。

【平行空间的女巫 · 365 日小日常】

还记得神探夏洛克里的一句经典台词吗：

"你，不要说话，不要拉低了整条街的智商。"

如今，Google Maps 正带领全世界的福尔摩斯粉丝

向贝克街 221B 逼近。

自命不凡的英国警察衣冠楚楚站在门口，负责检查门票，

门廊中女仆正在擦拭墙面油画灰尘，华生的黑色礼帽，

哈德森太太常用的中国瓷茶杯，福尔摩斯破案时深思而坐的

白色单人沙发，

它们都在啊都在，栩栩如生。

临走，我去隔壁福尔摩斯博物馆买了这本小书。

第三章
穿搭锦囊

旅行服装挑选基本原则

A. 谨慎挑选有图案的衣服

带有夸张图案的单品造型难度大，相比之下，单色系的衣服更容易搭配。当然如果拍照背景干净，有图案的衣服也可以取得不错的效果。

B. 全身搭配最好不要超过三个颜色

同一色调的服装可以显瘦，具有拉长身高的效果，如果再搭配上一双中跟小皮鞋，更显高哟。

C. 新手必备：套装或连衣裙

套装或连衣裙是新手初学搭配时最易上手的偷懒穿搭。同样，尽量买纯色无图案的，更利于整体搭配。

D. 白衬衣和白色下装挽救一切

白色几乎可以搭配所有的其他颜色。不知道如何选择颜色时，选择白色搭配背景色绝对不会错。

E. 好的配饰让你更独特讲究

认真对待和运用好配饰，比如丝巾、胸针、帽子、腰带等。比如腰带能塑造你的腰部线条，让你看起来更独特、更讲究。

F. 舒适度第一

那些面料容易起皱的、有走光风险的，腰部过于紧张的，都不太适合在旅行中携带。旅行休闲的衣服还是应该优先挑选那些可以让心情放松、精神松弛的服装。挑选一双适合走路的鞋子。放弃刚买的新鞋，以及那些跟过高的，或者容易磨脚的。

配饰：
戴一件配饰，说一个关于自己的旅行故事

搭配就像是在向外界表达自己的故事。我们在众多的衣物中选择，最重要的一点就是要诚恳地面对自己。而配饰作为整套搭配中的黄金配角，它有着举足轻重的地位。配饰的语言很奇妙。有些配饰让你立马变得优雅讲究起来，有些则让你变得丰富、细腻，让人忍不住想上前一探究竟。

帽子、包包、丝巾、手套……旅行穿搭中，我们都需要一件点睛的配饰，就像每个故事都需要一个最佳配角。

让我们从一顶帽子开始，进入五彩的配饰领域吧！

（一）
帽子

平时我就喜欢帽子。每当戴上帽子的那一刻，四周空气也似乎有了微妙变化。我常常会自言自语道：嗯，今天准备好了，这就出门吧！

旅拍好看的秘诀之一就是永远要记得戴好看的帽子。你也许会担心帽子不好携带，我的经验就是将几顶帽子层叠在一起，平放，帽檐四周压柔软衣物，帽

子里塞足袜子使其保持挺括。

　　旅行中，我常戴的帽子是夏日宽檐草帽和柔和的钟形帽，以及更具造型感的复古平顶帽。帽子就像是个神奇的魔法师，在旅途中戴对它，你将宛若新生。

1）草帽

Look1：滚边宽檐草帽

　　草编阔边帽是夏日海边的好选择，阻挡紫外线的同时还能保持凉爽。黑色滚边更是显得法式情绪浓郁。

Look2: 蝴蝶结宽檐草帽

蝴蝶结草帽，优雅气息浓烈。搭配正装，英伦范儿气质十足。

Look3：巴拿马草帽

最早是因为巴拿马运河上的工人喜欢戴，所以就叫作巴拿马草帽。

材质比较挺括，帽子的黑色边饰提升整体造型。非常适合在海边度假时佩戴，搭配条纹海军风连衣裙更显轻松浪漫。

2）针织帽

Look1：花瓣绵针织帽

　　波浪形的花瓣帽檐，可随意折叠造型。棉制看上去温暖又软和，令河边的散步者散发出温柔平和的气质。

Look2: 针织米色翻檐帽

针织帽的优点之一就是，如若素色略显单调，可DIY。别上一枚古典帽针或者加一朵花，它就成了专属你的帽子。

（二）
围巾

　　轻巧易带的围巾绝对也是旅行凹造型必备单品。每次出门，我都会首先在心中盘算着带哪几块丝巾。小方巾、大方巾、长丝巾、针织围巾、羊毛披肩……很多搭配灵感是在现场被激活的，比如在瑞士雪山上冷极，偏偏忘记戴帽子，我将大方巾扎成头巾匆匆忙忙拍张照，没想到效果非常赞。

　　奥黛丽·赫本说："当我戴上丝巾时，我从没有那样明确地感受到我是一个女人，美丽的女人。"今时今日，围巾早已不单单是为了保暖，它更是用来强调造型上的层次感与廓型效果。它可以让人变得潇洒、浪漫和讲究。它是衣服的伴侣，是妙趣横生的魔法，它是一条飘动的美学辞典。

　　带着围巾去旅行吧！当它以各种方式依恋着你的身体时，你还会真切感受到旅途中微妙的安全感。

常见系法

1）蝴蝶结

Look1：单层蝴蝶结

　　这种系法给人一种温柔甜美的感觉，适合休闲度假。

　　系法：用长条丝巾在胸前打一个大大的蝴蝶结，好像将自己包扎成礼物。

Look2：多层蝴蝶结

只有略挺括的欧根纱支持这种非常法式的系法。透明的面料使得再多层次也丝毫不显累赘，打造讲究的优雅下午茶装扮。

系法：将特别长的窄丝巾在脖子间围绕两圈以上后再打一个蝴蝶结。

2）Choker 系法

造型感十足的一种系法，最适合海边起风的清晨。

系法：将长丝巾环绕脖子后，在侧面打一个随意的结。

不只是围巾：其他系法

1）发带

与衣服用同色系的窄巾也适用与成为一根别致的发带，表达女性柔美雅致的一面。

系法：可以先在头顶打活结，然后慢慢移至一侧耳际。

2）头巾

系法：在头上环绕，从前往后在颈后部随意打结。

3）披肩

夏季进入空调场所，或在海边游玩时，可将丝巾作为披肩来使用，防止肩颈着凉，防晒。

系法：随意披在身上，注意不要左右一样长短。

（三）
腰带

我个人非常喜欢利用腰带搭配。

旅行时，细腰带、粗腰封、富有弹力的腰带，无
一不是我的心头好。一条完美的腰带，皮质讲究，颜
色沉着，它能拉长身体比例，并令你保持旅途中骄傲
的柔美。

1）连衣裙的腰带穿搭

Look1：针织连衣裙 + 金色弹力腰带

这是我在旅途中常用的一根细皮带，再普通沉闷
的颜色和衣服只要和这根金色弹力腰带在一起，就能
产生奇妙的化学反应，瞬间生动。

恰到好处的金色是多么微妙！多一份闪亮就显得
高调，少一份则黯淡。恰好的弹力也很重要，无论行
走坐立多久都能保持身体的舒适。

Look2：黑色针织连衣裙 + 金属扣松紧腰带

　　Marni 松紧腰带是我日常生活中最喜欢的一根。
精致的金属扣打破黑色针织裙整体沉闷。你看，一根
高级的皮带就是会提升整体搭配品质感，令穿着者气
质高雅。

2）套装的腰带穿搭

Look1：黑色针织披肩 + 细腰带

黑色针织披肩本来是寡淡的，但只要在腰间扎根腰带，披肩就变成帅气的斗篷了。

Look2：文艺衬衣 + 复古珍珠腰链

　　这其实是一根极长的 KJL 的复古珍珠围巾，古典别致，就算没有任何光线，也兀自泛起暗白色高贵之光。常规来说只有绸缎晚礼服才能配得上它，可当它成为一根随意感的腰链时，却是分外年轻清新。

3）秋冬外套的腰带穿搭

Look1：大衣 + 朋克气质腰带

　　大部分秋冬的风衣和厚外套，本身腰线并不明显，这时就可尝试在腰间扎根粗腰带，身材比例更利落分明，也令冬季的腰肢更婀娜。这根暗军绿色 Jimmy Choo 鳄鱼皮腰带上有着细致的金属扣眼元素，在日内瓦雨后的桥边，为画面带来温柔感的朋克气质。

Look2：牛仔小外套 + Logo 腰带

　　这款腰带是 Gucci 在换标后推出的，Logo 的细节
设计上有了微妙的改变，字母平行交错互扣的设计由
黄铜锻造而成，复古格调压过了土豪感。搭配修身牛
仔外套，分外融入米兰的时尚街拍气质。

（四）
包

　　旅行中包袋的选择简直就是一门深不可测的学问，在尚未变得游刃有余之前，我建议先带上一只中大号轻便龙骧包，然后塞入两三只小型包袋和其他配饰品，即可在旅行现场随时提供包袋搭配的从容应对。

　　包袋在整体穿搭中确实比其他配饰占有更多的面积感，也与衣服最为气味相投，惺惺相惜。那么旅途中的包，是要轻便还是全面？要讲究还是方便？我想衡量方式只有一个：适合。你的包必须要适合目的地气质和个人穿搭气质。你随身携带的每只包，都应该是你自己想要成为的样子。

1）单肩包

　　这几乎是最适合旅行的包，它比双肩包更安全，可时刻控制在自己的视线和肢体接触范围里。同时，可收缩肩带的包既可帅气地跨肩背，也可优雅地单肩背，还可以在手上绕几圈，随意拎着增添俏皮感。

Look1：Gucci 重工拼珠刺绣小包

黄色和紫色珠粒晕染出小包奇妙的纹理，金色链条更是沉甸甸的丰盛感，可肩背可缠绕手腕之间。背着它迈入田野，田野也呈现出同样沉甸甸的丰盛感。

Look2：Comtesse 马毛编织单肩包

德国人极度严谨的风格造就了这只无可挑剔的包。据说这个品牌的所有马毛均来自苏格兰指定地区饲养的蒙古马。它泛溢出咖啡色系中最浓郁高级的光泽度，手感特别。

Look3：Charles jourdan 包

金属手柄的两用包。藏蓝和乳白的配色就和台北一样小清新，清秀伶俐，几乎可以搭配任何色调的衣服。

Look4：Loewe 黄色大包

因为去米兰公务兼旅行，所以我带了一只可跨越多种生活场景的包。Loewe 的皮质感很棒，黄色尤其适合欧洲城市气质，时髦而复古。

2）双肩包

携带双肩包旅行时，我常常把它背成单肩的样子，或者干脆手拎着包环，既安全又洋气，更不影响整体造型。对了，我喜欢把我的双肩包们叫作：永远 18 岁的包包。

Look1：Fendi 双肩包

深咖色条纹双肩包，有双肩包难得的挺括感，包虽小，气场不弱。深浅交织的条纹是极好搭配的，哪怕穿着浅色系，也融洽，并神奇地提升衣服品质感。

Look2：Valentino 鸵鸟皮双肩包

　　第一次见到驼色竟然可以被设计制作得如此明亮浪漫。这也是我看一眼心中就涌起强烈占有欲的一只包。金光闪闪的大写 V 锁扣轻轻压住包盖，包身的稀有鸵鸟皮，星星点点洒落着天然凸出的圆点图案。

Look3：编织尼龙双肩包

容量非常大，背感很棒，适合长途旅行。草编材质与藏青色尼龙拼接，带来旅行的强烈暗示感。我带着它去过三亚和青海。

Look4：LV 老花双肩包

当我想不好旅行背什么的时候，我就背 LV。这是我的最后选项，也是最安定的选择。LV 就是做旅行箱出身的包袋品牌，就连红色条纹裙这种搭配难度特别高的衣服，它都毫不畏惧

3）手拎包

Look1：Loewe 花瓣型小箱子

对 Loewe 的爱就这样一发不可收拾，箱形包是公认摩登 Look 必备的潮流单品，但花瓣异型绝不常见，就算没有光线，黑色箱身也散发着暗哑迷人的光泽，按下金色搭襻，驼色小牛皮内衬同样别致而精致。

如果你有幸见到一朵，请务必摘下。

Look2：Gucci 老花小箱子

　　非常迷你小巧，我喜欢它复古的老花，反而显得年轻幼稚，手柄有精致的金色点缀，细细的英文 logo 刚好围拢一小圈。这是只适合短途城际旅行的小包，瞬间即可切换到职场状态。

4）锦囊小包

在旅途中，我个人比较偏好锦囊形状的迷你包，要知道包包的尺寸越大，在视觉上就会显得人矮和拖沓。更何况，相比大尺寸的包，小尺寸的包对服装的要求更低，颜色和形状轻易就能融入你的衣服之中。

麻雀虽小，五脏俱全。别小看锦囊小包，放入粉饼、口红、一包小纸巾、小钱夹等小物件通常都不在话下。

许多小天真被藏在锦囊里，许多小快乐也在。这就是锦囊小包给我们的旅途带来的欢乐。

Look1：Loewe 银色流苏小包

认识 Loewe 是因为它著名的 Amazona 系列，我个人并不符合它所倡导的"骑马的女性"气质，直到我遇见它的流苏元素，柔媚动人而默默无语，就像我想成为的样子。

　　这是一只可双面开启的 Loewe 银色流苏小包，可随手绕在手腕，像一圈特别隆重的手链连着嗲声嗲气的小包，也可以斜挎解放双手，让一抹亮色点缀黄昏中过于平淡的驼色针织套装。

（在大理一条通往苍山的小路上）

Look2：女巫独家锦囊小包

在法国旅行时，我就常把自己交付给它。小卡包、手机、粉饼、口红……甚至还有那些随时替换使用的项链、手镯、细腰带和围巾。棉布身体柔软得像个婴儿，却又失身为一只锦囊的柔韧筋骨。

（在南法小镇的小巷子里找猫）

Look3：BV棕色小提袋

可以把旅途中的小东西一股脑扔进去，然后一抽带子，起身就走。就是这样潇洒自在的小锦囊包啊。

（大理洱海边的黄昏一刻）

5）草编度假包

想在短途旅行中穿出时髦的法式 Chic 风吗？用草、藤、麻等天然植物制成的草编包就能满足小心愿哟。它令整体造型看起来更松弛，也更具度假风情。

Look1：Loewe 草编篮子

粗犷的手编感，慵懒度假风浓郁，包前身有大大的皮质 logo，非但不显得粗俗，反而增添一丝淡雅的艺术气息。手挽这只篮子，和春天相约一次野餐吧。

Look2：印尼草编格子包

　　海边的女人需要一个大包，装下所有对美和舒适
的渴望。还可以在包上别一朵和身体颜色相呼应的花，
这只包就是世界上独一无二的啦。

Look3：Rodo 草编小箱子

　　属于盛夏的草编小箱子，天生带着嗲气的清凉感，在它之前，我并不知道 Rodo 这个意大利小众品牌，可就算对它一无所知也阻挡不了爱意萌生。同时，箱型包也能迅速融入日常生活，一边拎着去上班，一边心中暗藏着对周末的小渴望。

每天记录，你也能成为穿搭大师

在我看来，掌握穿衣风格既不是与生俱来的天赋，也不是一直一成不变的状态，而是有意识地，每日练习的结果。

开始练习之前，请准备一本穿搭手帐，用来记录你为这一改变所做的努力。

仔细观察你的日常风格与习惯，在穿搭手帐上记录下关于穿搭的思考，规划好自己的穿衣策略。这有助于你更好地掌控个人形象转变的历程，用不了多久，你也能成为一个穿搭大师。

现在就拿出你的穿搭手帐，跟我一起开始每天的练习吧！

注意衣服的和谐统一

视觉上的和谐感很重要。看到一套混乱的搭配，就像听到刺耳不协调的音乐，耳朵和身体都会感到不适。那么如何知道自己的衣服是否和谐呢？答案是和镜子做好朋友。花更长久的时间来照镜子，仔细观察衣服和各项单品。在穿搭手帐上记录下那些和谐的颜色或者图案搭配。

花点时间塑造形象

空闲时，仔细审视自己的衣橱，扔掉那些不适合你或者不能凸显你优势和特点的衣服。思考如何搭配才能吸引注意力。出席重要场合需提前试搭，以完善整体造型。将自己觉得穿着特别合适的衣服都拍成照片或者手动记录在穿搭手帐上，方便下次快速穿搭。久而久之，你就会掌握各类服饰的搭配秘诀。

合身是出彩的前提

法国女人总被认为是优雅的代名词，穿衣风格完美。首先她们都穿着合身的衣服，并且非常在乎衣服质量。找到合身考究的衣服并非偶然，首先你要能够清晰地认识到自己的身材特点。合身的衣服能够传达出你对自己身材的自信，而不合身的衣服会凸显你的身材劣势。如何找到合身的衣服呢？记住以下两点：

一、试穿，大量尝试，不要只看衣服尺码。

二、结识一位心灵手巧的裁缝或者时尚高段位的好朋友。有时一个小小的改动或者建议，就能大幅提升美丽指数。

在穿搭手帐上记录下自己的身材数据，同时记录下试穿合体无比合适的品牌与尺码。

穿出你想表达的气质

不同场合，接见不同的人，我们希望给对方留下的印象也不尽相同。比如，去面试的诉求是稳重大方；而去约会的诉求则是甜美可人，如果情深意浓，性感这个选项也加入了诉求。思考今天出行的任务与目的，是解决穿衣难题的一个有趣而实用的方法。

在手帐上记录下这些思考，你会更加清晰地认识到自己如何跨越不同生活场景的样子。

审视自己的穿搭盲点

自我形象的哪些缺陷让你视而不见？发型？妆容？配饰？

在穿搭手帐上写下自己对这些缺陷视而不见的原因。是不是好久没打理自己的发型？是不是认为化妆是一件麻烦事？如果你的首饰全都是乱七八糟地堆在一起，整理一下，看看里面还有什么宝贝。

清楚自己缺少什么

记录购物清单，这样你就能及时购买所需要的东西。除了衣橱基本单品，也别忘记精彩的配饰。

学会并享受穿衣打扮，这是女性生活的重要部分。不要觉得花费在衣服上的时间、金钱和精力是种浪费。穿讲究的衣服，才能配得上更美好的你。

每天有意识地穿衣打扮，多次练习最终会养成习惯的本能，相信当你写完一本"成为穿搭大师"的手帐，你也终将收获更美的自己。

9 本穿搭好书

/01/

《包益民与大明星聊什么？》

作者：包益民

书在某种现实意义上，是方法论和工具。

但一本更好的书，会打开你看世界的视野宽度，提供另一种思维方式。

这本是对全球 50 位顶级设计师、建筑师、时尚编辑等领域大咖的专访。他们是：坦诚客户缺点的广告狂人，自学成才的普利兹克建筑奖得主，拥有四个博士学位的调香师，四十年坚持把生意做成小而美的出版商，将每期数千元的杂志卖脱销的时尚编辑……看到他们谈论起自己更生动的从业故事、行业经验、审美及生活趣味时，阅读者必定会深陷其中，开始重新思索时尚与生活的意义。

/02/

《时尚的 52 个难题》

作者：黑玛亚

犹疑再三，还是想推荐这本旧书。因为这本书，我第一次大步跨越时尚杂志的华美浮夸，开始另一种更认真的自我探索。

作者黑玛亚是位极其优雅的女士，同时她也拥有自己的高订女装品牌，普通一条裙子定价直逼二线大牌，因为她绝对拥有美的底气。

在这部关于"爱、激情和往事"的书里，最后她写下解决"时尚难题"的答案——"做你自己，谦卑你自己，并且拿出你的全部热情来，回应这个时代，回应自己最真实的生命。"没错，这就是时尚的意义。

/03/

《时尚衣橱》

作者：蒂姆·冈恩

你发现吗？我们买衣服时，往往只有单一的角度评判，会不停追问：这衣服好看吗？哪怕当时觉得好看死了，但没穿过几次，就被打入冷宫。

痛心之下，总以为是自己审美出了问题，或者乐观安慰自己说：也许是自己眼光成长太快。其实不然，有可能这只是因为我们懂得太少。这是一本关于时尚史的书，被称为美国时尚教父的蒂姆·冈恩带给你的20堂品位进阶课。通过对20个品类的服饰进行深度解读，帮助我们更深刻了解每一个日常穿着单品。

通过探索衣服的含义和历史，它提供了很多角度看待我们杂乱无章的衣橱。也许，看完这本书之后，我们会更加了解自己的衣橱，也会在下次买单之前，不仅仅只是用是否好看这个角度来决策购买。

/04/

《鞋履正传》

作者：陈琦

你爱上一个人，总想探索他过去的故事，爱的浓度似乎就变深厚。

你爱你的鞋子吗？那要不要知道一双鞋的前生今世？人为什么要穿鞋？它是如何关乎身份地位的？高跟鞋是怎么来的？为什么日本有木屐而中国有花盆底鞋？Beatle Boots 跟披头士又有何关联？

你会在书中发现，有趣的地域文化造就鞋文化，从非洲到北极圈，可谓天差地别。从古希腊神话年代的鞋，到中世纪和文艺复兴时期意大利的鞋；从17、18世纪法兰西的宫廷美鞋，到19世纪美国异军突起的鞋履；从欧美最著名的几大制鞋世家，到世界各地的鞋履博览，书中都娓娓道来。

"鞋履沉默不语却比这世上任何东西都更懂得女人的心声"

/05/

《奢侈》

作者：克里斯蒂安·布朗卡特

　　这本是爱马仕总裁回忆录。奢侈很少去谈论金钱，这些才算真正的奢侈吧：设计师、工人、原材料商以及销售员所投注的无穷精力与漫长时间，那些品牌基因中所有的天性与想象，所以爱马仕的调香师说：不急，我有的是时间来创作一款香水。

　　奢侈品是物品啊，物品需要抚摸、感受、关爱，它属于每个人自己的世界。它让人安心，给人鼓舞，令人幸福。

　　奢侈品也是人。这世上没有一双不带任何想法的手，离开手，再有创意的想法也永远实现不了。那些拥有这些宝贵的手的人们，他们平静、专注、严肃、谦卑，对手头活儿极有把握。他们才是奢侈品的灵魂。

　　归根到底，理解了奢侈，最终我们才会心平气和，回到质朴的生活原点。

《路易十四山本耀司和 38 美元的月工资》

作者：弗朗西斯·康纳

作为伦敦时装学院的校长，没有谁能比康纳更好地让我们了解这个令人眼花缭乱的时尚世界了。

她在书中用 101 个思考梳理了技术与手工、永恒风格与快时尚、私人定制与大众市场、消费与可持续发展、冰冷的商业数字与充满创意的表达等复杂而又矛盾的问题。

看完这本书，你将从来没有比当下更理解时尚，我们和时尚之间的宽阔距离，反而是了解对方的最佳角度啊。

从一双日常生活的手套开始，每个女人都在寻找的经典白衬衣，从眼花缭乱的巴黎时髦到伦敦流行，再到近在眼前的衣橱风尚，当合上这本书，偶尔你也会低头用另一种角度打量自己今天的穿着吧。

/07/

《找到你一生中最适合的装扮》

作者：Kim Johnson Gross

　　一个女人到底一生要买多少衣服，黯然神伤过多少回,才能准确找到属于自己的穿衣风格呢？冷淡的、极简的、文艺的、甜美的森女、法式、高街风格的、混搭的……

　　最终我们希望听见的三个字，不过就是：好品位!

　　这本是本次推送中唯一一本直接教授熟女穿搭的书。

　　作者还分享了女性关于穿衣的故事，以及装扮如何影响了她们的衣橱和自我风格，以及人生故事。

　　真的，风格不会变老，它只会不断智慧进化。

/08/

Fashionpedia

作者：Fashionary Team

这是颜值爆表的一本"天书"。

它是服装细节图书馆，它也绝对是一本关于时尚的葵花宝典，从外套到内衣，从头饰到革履，涵盖上千种常见时装类目及术语，涵盖几乎所有时装细节，就算女装衣领这么小的品类，它也插画和定义了几十种细微不同的设计变化。

在建设时尚穿搭体系这件事情上，我们绝对需要看一眼这本有意思的插画书。看看这个穿搭世界究竟有多宏大，它就同时拥有多少细枝末节。

《生于天桥底》

作者：黄伟文

如果光是看这本书的封面，会质疑这是本高雅的书吗？偏偏这就是一本改变我的书。或者说当我的内核正发生微妙变化时刻，它恰好出现了。

黄伟文在时装笔记《生于天桥底》里十句话不离"有型"二字——"靓"不易做，也没多大意思，不如亲手来改变"靓"的定义。

那段时间我正在冰岛，正在经历一些事情，

突然发现原来美是多么脆弱的东西，而另一些却更有力量，那就是——"有型"。

愿意吗？我们一起成为更有型的人。

第四章
旅拍速成宝典

零基础也可以拍出"大片"

发布在朋友圈里的旅行照片经常会得到小伙伴们的称赞，评论里更是会有不少人询问：这次是谁拍的呀？摄影师好赞！说来也是惭愧，在旅途中，我总是莫名地被同伴封为"摄影大咖"。想要拍出令人满意的旅行照片，我呢，还是有一些独家小技巧的。

如果你没有学过任何摄影技巧，没关系，零基础也可以拍出"大片"。但首先，你的朋友得是一个好学并且有耐心的人。两两结伴，共同学习，成为彼此的"专属摄影师"。在选择拍摄仪器时，优先挑选简单易用的，比如我的相机是索尼 α7 2 + 55 定焦。我一般将相机的模式调在固定模式，"摄影师"只要负责取景按下快门就行。这样的话，初学者也丝毫不会犯难。

1. 拍好一张示范照

想要让同行的小伙伴了解自己想法的最快方法，就是自己先给她拍一张示范照。看好角度、构图、光线以及打算摆的姿势，给对方拍摄一张照片作为示范，这样她就能轻易明白你想要的效果。

2. 巧用半身照

全身照对整个人的形体仪态要求较高。相比之下，半身照更易拍出成功彰显个人气质的照片。

3. 拍摄角度很重要

在拍全身照的时候可以让"摄影师"稍微蹲下一些，放低镜头角度，这样脸型可以得到更好的修饰，还能凭空增高 5 厘米哟。

4. 和当地人同框

我常说拍照要有故事感。所以，当我们身处风情浓郁的国度时，可以选择和当地人同框出镜，营造出一个奇妙的故事场景。

5. 划好构图重点

注意你的头顶

如果照片里有不适合的景色、人物出现，比如，头顶上方有电线杆，要提示小伙伴稍微换个角度姿势，或者干脆在后期 P 掉它。

留出目光余地

　　人物不要放中间直视镜头，留出目光所及的余地。

多拍横片

　　拍一些较大场景的原片，我个人比较喜欢拍横片，方便二次裁剪构图。

6. 用好大光圈

用单反或微单拍照时，可以把光圈开大一点。我一般会开到1.8，这样的背景虚化能令照片更有层次感，令人物更有故事感。

7. 对过度曝光说 No

拍摄时，曝光宁愿暗一点，后期可以调，也不要过度曝光。

论模特的自我修养

除了"训练"出一个技术高超的"摄影师",模特的自身修养也十分重要。作为模特的我们,在旅拍时要注意些什么呢?

1. 如何提升镜头感?

好的镜头感,不仅能使照片充满灵性,同时也能展现自己独特的人格魅力。然而镜头感不是一朝一夕可以培养出来的,不是专业模特的我们该怎么办呢?在担任过几次摄影师和模特之后,我领悟到几点"速成建议",可以帮助你在拍照时提升一点空间:

自信

自信的你是最美的,在镜头前去做你当下想做的任何事,不要在乎旁人的目光,只管留下你此刻最美的记忆。

抓住快门

注意摄影师按下快门的声音。在每一次快门之后,略微调整你的身体和面部表情。如果长时间没有听到快门的声音,那一定是你或者背景出问题了。

随意

不看镜头已经是最基本的拍摄常识。这里要提到的是升级版——随意自如。悄悄加重每一个动作的力度,然后短暂定格。当然,如果你的摄影师足够资深,你只需像平常那样散步、左右张望、专注凝视、微笑……

只需把所有的动作放慢一点节奏就行，他会抓拍那合适的瞬间。

多拍

要舍得花大功夫，100张里总有一张接近你想要的。

信赖

最重要的是信赖你的摄影师。

2. 如何拍出故事感?

一张好照片就是一个耐人寻味的故事。在旅途中感受文化与历史的冲击，留下故事感强烈的照片，或是传递出每个人与众不同的精彩，也许这才是旅行的真谛。

先从背影、剪影开始

如果你自认气场不足，面对镜头手足无措，你可以先从背影或者剪影开始。利用光线和环境，拍出个性十足的照片。

不看镜头也有范

　　若不是眼神坦荡的专业模特，那就先不看镜头吧。不看镜头重在营造一种意境，可以是怀揣心事，也可以是若有所思。适当的"加戏"可以营造出一种故事氛围。这里有个小口诀可以帮助你记忆：低头，侧头，抬头，忽略镜头。

让自己动起来

做一些自然的动作，让你的姿势不那么单一。动起来才是旅行的常态，而常态中的人物最自然。

利用道具进行拍摄

大部分人听说要拍照了，难免会感到些手足无措。这时候，抓起身边的小物，可以适当地缓解这种窘迫，同时也能使你的照片别具一格。你沉浸在生活的美好细节之中，这就是故事里最打动人的情节。

不放过任何靠着和坐着的机会

　　靠近美景，置身于美景，变成美景中的一部分。此时的你不是游客，而是这美妙风景里的一部分。而当身体有所依靠时，你的心情也会顿时松弛，这时的照片也会显得最轻松、最真实。

借助"神奇力量"

借助自然的神奇力量。一束光、一阵风，让照片里的你和故事更加灵动吧。

借助镜面

借助镜面拍出不同视角、有意思的照片。

（复古市场小摊子上的古老镜子）

（咖啡店的橱窗）

和小动物互动

　　和小动物在一起，谁都会变得笑意盈盈吧，就把这温馨一刻定格。在未来心情低落的时候，这些照片会带给你温暖的抚慰。

298　　　　和当地人进行交流

　　　　　用眼神，用微笑，用语言，用行动融入当地生活
场景和人物关系，让自己不仅仅只是一个游客。我们
是彼此的风景，此刻永难忘。